Red Mail

日本に徴兵制が復活する日

角南正義
SUNAMI Masayoshi

花伝社

Red Mail——日本に徴兵制が復活する日◆目次

第1章 「赤紙」から「レッドメール」へ

2021年9月6日午前7時27分、食卓テーブルの上に無造作に置かれたスマホが、ブォンと鳴り響いた。

「学、メールが来たようだ。杏ちゃんからか？　残暑と同じように朝早くからお熱いものだな」

学の祖父福太郎は、孫の学がかわいくて仕方がない。長期出張が多い学の父、修に代わって生まれた時から父親のように接してきた。修は福太郎の一人息子、学は修の一人息子である。福太郎は大正12年生まれの98歳。20歳の誕生日を迎えると徴兵検査を受け、その後、赤紙（召集令状）を受領し南方へと出征した、アジア・太平洋戦争の体験者だ。

社会人2年目の学は、出勤に備えてドレッサーの前でドライヤーを強力回転させ戻ってきて、髭剃り後の若者らしい清々しい表情で福太郎の前に立った。

「杏は、朝早くから会社訪問に出掛けているんじゃないかな。今日は京都へ行くと言っていたから電車の中かも」

　学はバスの時刻が気になったのか、左手を上げ時計の針を見つめた。そして、せわしげにテーブルの上のスマホを左手で鷲づかみし、画面へ視線を流した。

「えっ……」

　学の顔面が立ち所に蒼白に変わり、微妙に全身が震えていた。

「どうかしたか学、杏ちゃんが事故にでもあったのか？　どうしたんだ！」

　福太郎は、学のおののくような異様な変化に驚き、テレビから視線を外して蒼白な学の顔を見上げた。学の表情は蒼白から見る見るうちに土色に変化していった。福太郎は、座っていた椅子を後ろに蹴飛ばした。

「……おじいちゃん、来たわ」

　今でも筋肉質の福太郎の胸に、学は縋りつくように顔を埋め、フローリングの床に膝を崩した。学とともに床に転がったスマホはすでにロックされ、黒光りした液晶画面の不気味な光沢が、再び光りだすのを待っているようだった。

　スマホの扱いに戸惑う福太郎であったが、それでも床から左手で拾い上げ、黒光りする画面を学の眼前へさしだした。

「学、バスの時刻ではないのか、会社に遅れるぞ」

福太郎は、左手に持ったスマホの画面に視線を流しながら、右手をそっと学の肩に触れた。

学は、崩れ落ちた膝がしらに両手を置き、すっくと立ちあがった。その表情には先ほど見せた恐怖へのおののきはすでに消えていた。福太郎には、学が床に崩れ落ちてから立ち上がるまでの数秒間が、まるで時間が止まっていたように感じられた。

学は、福太郎の左手に固く握られていたスマホを、「ありがとう！」と言って何事もなかったかのように受け取った。

そして、冷静な表情で福太郎に向けてスマホを差し出した。

「おじいちゃん、これ見て」

福太郎は、はっと我に返りテーブルの端においてあった老眼鏡に手を伸ばした。

「学、これは……これは！」

福太郎は、右親指と人差し指に力をこめ老眼鏡の右端を持ち、食い入るようにもう一度画面を凝視した。そして、学の両肩に両手を置き、思いきり強く学を引き寄せた。

安倍晋三が再び政権に返り咲き、安全保障関連法案が強引に可決され、集団的自衛権行使容認が閣議決定されたのは7年前だった。あの時抱いた、いずれ訪れるであろう福太郎の危惧が現実となり、学の日常にのしかかったのだ。

「貴、両角学殿、２０２１年９月16日、対馬駐屯地に着任することを命ずる」

福太郎の老眼鏡の奥に映ったのは、異様な黒光りする画面に滲んだように浮かび上がる真紅の文字だった。それは、出征に先立つ出頭命令の「レッドメール」だった。

その日は、東京オリンピック・パラリンピックが２０２０年９月６日に閉会されてから、ちょうど１年が経過した日だった。

祖父から孫への戦争語り伝え

福太郎は、学が中学生になってから、戦後知った「赤紙」発行の実体について、長い時間をかけて学に語った。己の戦争体験では知りえなかった召集制度に関し、改めて関連書籍を読み漁り調べ直したのだ。それは、今後、学の時代に再び起こりかねない懸念を感じ取ったからである。

福太郎は、学が夏休みに入り勉強にもクラブ活動にも差しさわりない時間帯を見て、数日かけて語った。中学１年生の学には、福太郎の話す内容を理解し、吸収するには荷が重かったが、「召集令状」「赤紙」は印象深い言葉だった。

「おじいちゃんは終戦のラジオ放送を聞いた時、どんな気持ちだったの？」

「そうだな、涙は出なかったよ」

「戦争に負けて悔しくなかったの？」

学は、戦いに勝つか負けるかという単純な思いだけで福太郎に尋ねた。

「戦争が終わったのだ、感無量だったわ」

福太郎は、南方におけるアジア・太平洋戦争の体験者だ。背を圧迫する背嚢（今でいうリュクサックのような物）の重み。小銃は肩に食い込み、帯革（バンド）は腰に擦傷を作った。体重・荷重と、両足に物凄い負担をかけての行軍のため、靴擦れができた。水疱状の豆がつぶれ皮はずるむけになり、不潔な靴下のため潰瘍となった。さらに進行すると歩行ができなくなった。体力、気力の尽き果てた兵士が苦しみに耐えかね、手榴弾を胸に抱いて爆発させたり、食料の枯渇が招く飢餓による数えきれない同胞の死などが瞬時に福太郎の脳裏を過った。

福太郎は自宅の庭に佇み、乾ききった瞳を天空の彼方へ流した。そして、両手を握りしめ玉音放送を聴いたのだ。天皇陛下が発する声という意識はなく、瞬時に、日本は今という時を境に、皇国から国民主権の国に向かうのではないか、と漠然ながらその瞳が光明を受けたような不思議な感動を覚えたのだった。

「北陸の方の何とかいう村の役場の人だっけ、戦時中命令されて仕事をした重要な書類を、家の床下に置いといたんだってね」

学はインターネットで知った情報をもとに、福太郎に語りかけた。

「勇気があったのだな。赤紙を届けるにも大変な苦労があっただろうし、自分自身も戦争体験と役場業務を通して様々な矛盾を感じていたのだろう。軍司令部の責任逃れを見過ごすことが出来なかったのだろうよ」

１９４５（昭和20）年8月15日、終戦を伝える玉音放送が日本放送協会のラジオを通じて全国に流された。この時、東京市ヶ谷の大本営から秘密裡に終戦最後の指令が出された。「軍の機密に関する一切の資料を焼却せよ」。その指令書そのものも、大本営で焼却された。全国に1万以上あった市町村役場では、保管されていた軍関係の資料が一斉に焼却処分された。しかし、ただ一つの村に、ほぼ完全な形で市町村レベルの兵事資料が残されていたのだ。富山県庄下村（現砺波市）である。

召集に関する業務は当時兵事業務と呼ばれ、村では戸籍係が担当。大きな市町村では独立した兵事係があり、市レベルでは数十人の兵事係が在籍していることもあった。それに対し庄下村は、米づくり以外に目立った産業はなく、村人の大半は小作農であった。役場の職員は村長以下5人が常駐、助役1名、出納係1名、給仕2名という小所帯だった。

陸軍、海軍の順で指令された内容は、動員、召集、徴発に関する書類を焼き、目録を軍に提出せよというものであった。庄下村の戸籍係（兵事業務担当者）出分重信さん（参照『赤紙男たちはこうして戦場へ送られた』小澤眞人＋ＮＨＫ取材班著、創元社）は、その指令の目的が、書類を処分することで戦争責任の追及を免れようとしていると思い、重要性の薄い書類を焼き、大半の重要書類は自宅の床下に保管したのだ。

その兵事資料は現在、砺波市の郷土資料館に収蔵されている。この資料によると、１８７７（明治10）年、西南戦争に庄下村から出征した記録に始まり、以後、日清、日露戦争からシベリア出兵、満州事変、上海事変を経て日中戦争、太平洋戦争まで、明治以降日本が経験したすべての戦争についての村の記録になっている。

「そうなんだ。その役場の人は、根性あったんだなぁ」

学は、心から感心したようだ。

「学、お前、根性って言葉知っているのか」

福太郎は目じりを下げ、学も大きくなったな、と優しさあふれる眼差しを投げた。

「おじいちゃん、俺いくつになったと思っているの、毎日クラブで『おまえ根性あんのか！』って怒鳴られてるわ。それで、おじいちゃんも召集令状を受け取ったんだね」

「役場の兵事係が持ってきたな」

「なんで赤紙といったの？」

学には赤紙のイメージが全くわかなかった。

「召集令状の色が赤色だったから赤紙といったのさ」

「赤って血の色に似ているよね。兵隊になる人たちの気持ちを高ぶらせるためだったのだろうか」

現在も世界各地で起こっている様々な流血事態。TVで日常的に目にする映像が、学の脳裏に浮かんだ。

「戦争と血か。当時の軍司令部に戦意を高めさせる意識があったかどうかは分からないが、そう言われてみれば意図的だったかもしれないな。白は平和のシンボル鳩みたいだし、緑は穏やかな落ち着いた感じを受けるからなぁ」

「本当のところは別にしても、怖いし不気味だわ」

学は、血液検査や予防接種の注射針が刺された時のチクッとする痛みを左腕に感じた。検査のため体内から血がどくどくと注射器に吸い込まれる様が一瞬思い出され、身震いした。当時、赤紙により戦地へ送られたり、今も、世界で根拠なき攻撃やテロが起きている。軍人も一般市民と同様人の子であり、両者の被害者の存在が現実なのだと我に返った。

「兵隊さんとして呼ばれる場合は赤紙だけだったの？　他にもいろいろなカラーの紙は使われなかったのかなあ」

学はどうも、戦争と赤という色が結びつかないようだ。

当時、赤紙のほかに「青紙」と「白紙」が使用されていた。

「赤紙」
充員召集：戦時定員を充足するため在郷軍人を召集
臨時召集：戦時に際し必要に応じて臨時に在郷軍人を召集
「白紙」
演習召集：軍の勤務演習のための召集
教育召集：軍隊教育のための第一補充兵を召集
国民兵召集：戦時に第二国民兵を召集
簡閲点呼《かんえつてんこ》：軍隊に入るものではなく予備役、後備役の下士官と第一補充兵をおよそ隔年の割合で各地に集め点呼、指導
「青紙」
防衛召集：空襲などの際に在郷軍人を本土防衛目的として短期間召集

戦時中の日本の兵役制度において、在郷軍人（その地域にて有事に備える一般市民）を兵として召集するために用いられた命令書が赤かったので、俗に「赤紙」と呼ばれていた。赤紙は、1941（昭和16）年を境に黒ずんだ赤色から薄いピンク色に変わった。戦時中の物質不足で染料の入手が困難になったため色を薄くせざるを得なかったからだ。それは、染料が足りなく

なるほどに大量の赤紙が発行されたということでもあるのだろう。

「他の色の紙もあったんだね」

「徴兵検査を受けた頃は、今のように様々な情報が入ることもなく、命令されるままに行動していたから何も知らなかった。戦後になって多くの本が出版され、少しずつだけれど当時のことを知ったな」

国や地方公共団体など行政を司る機関は軍部と一体となり、多くのことを国民に知らしめることなく一つの道へと導いていったのだろう。これは現代も変わりない——福太郎は当時を振り返りながら思うのだった。

徴兵検査と召集

「おじいちゃん、兵事係の人の仕事って大変だったんだね。役場や役所の職員としての仕事もしていたんでしょう」

元々は一般職員として採用され業務に従事していたのだろうが、たまたま戦争時代だった為に辛い仕事を背負わされた、と学は思った。

「勤めた市町村にもよるだろうな。人口の多い都市では、複数の兵事係が専業として従事していただろうし、少人数の農山漁村では一人が二役も三役もこなしていたみたいだな」

「その人達の仕事は赤紙を届けるだけだったの?」

「いや、大まかに言えば出征の前提になる赤紙を届け、不幸にも戦死した人が自分の担当する地域にあった場合はその報告も大事な仕事だったよ」

兵事係の業務は、徴兵検査から召集志願兵・馬などの徴発(強制取り立て)、戦死の告知、軍人遺族の年金業務まで多岐にわたった。毎年度の徴兵検査の準備、随時発行される赤紙に備える召集業務、志願兵の募集や各種名簿の整備、戦死公報の交付などが課され、軍の規定業務以外に出征行事や戦死者の葬儀執行なども担当した。地方自治体の職員でありながら、軍の下部組織に組み込まれて仕事をしたのだ。

「兵事業務を任された人は、兵役はなかったのかな」

兵事業務は大変だったと想像できるが、もし召集対象でなく自分に赤紙が届けられる心配がないとすれば、本人も家族もある意味安心できる日々が送れたのではないか、と学は思った。

「兵事係になった年齢にもよるだろうな。最初の頃は40歳を超えた者は召集されなかったわけだから」

福太郎はそのあたりの事実関係の詳細は知らなかった。

赤紙を受け取ったのは、日中戦争以後600万人(正確ではない)に上った。赤紙を受け取ると一部を切り取り、応召者は赤紙を受理した日時を何時何分まで正確に記入し押印した。赤紙の大きさは縦15センチ、横30センチほどで、俗に「1銭5厘」と呼ばれた。1銭5厘は当時の郵便はがきの値段だった。

赤紙は郵便で送られるものと考えられてきたが、実際は兵事係など市町村職員が本人または本人不在の場合は家族に手渡し交付した。赤紙の交付は郵便と比べ物にならないほど厳密なものだった。赤紙は本籍地での交付が原則。他所で生活して(働いて)いる場合、家族から連絡を受け、本籍地に戻り受け取った。

「赤紙を受け取るときは死を覚悟した」と、経験者は語る。赤紙を受け取ること、その命令に従うことは明治憲法下、日本人として生まれた国民にとって避けて通れないものであり、その重みは戦後世代にとって、計り知れないものだ。

「赤紙が発送されるまでにはその対象となる前提があるんだよね」

「20歳になると徴兵検査という手続きがあったんだ」

「男だけだよね。女性や体の不自由な人たちは対象じゃなかったんだろうね」

現在は女性自衛官も多く存在し、他国では戦闘に参加する女性兵士の姿がTVで散見されるため、学は、時代背景は別として単純な気持ちで問うた。

「原則、日本男子は全員受けたが、太平洋戦争が始まる前までは例外もあったようだ。女性は兵士として対象にしていなかったな」

当時の日本男児は20歳になると全員徴兵検査を受けた。明治憲法第二章の「臣民権利義務」の20条「国民は兵役の義務を負う」に準じたもの。一部学生には徴兵延期の特例があった。日本の戸籍は家族制度に基づく管理のため、国民の掌握が容易にできる。軍がこれを利用したのだ。

戸籍の網の目は、すべての国民をもれなく兵士に仕上げるのに大きな力を果たした。のちに学が徴兵されることになった際は、現在のマイナンバー制度が、戸籍管理に輪をかけて個人の生活実態を丸裸にし、おおいに活用されたのだが。

徴兵検査該当者リストからはずされた者は、①大学生、②陸海軍志願兵、③6年以上の禁固刑・懲役に処せられた犯罪者などだった。徴兵検査対象に対する軍の考え方は「選ばれた国民」、素行及び健康状態がよく国民としての義務を積極的に果たすという意味合いが強かった。「国民皆兵」制度は、軍人になる建前としての名誉を国民に押し付けるものだった。

「徴兵検査を受けた人は全員兵隊さんになったの？」

「いいや、徴兵検査を受けると、各人の体格や体調によって兵隊に適しているかどうか分けていたな」

福太郎は、兵士に適任とされる甲種合格だった。

「そうなんだ。見るからに体格がよく健康そうな人もいれば、ひ弱そうで重い荷物や鉄砲を担げそうもない人もいるものね」

「甲種合格者が即出兵、というわけではなかったよ。戦時中と戦争をしていないときはでは違っていた」

福太郎は徴兵検査を受けた後、在郷軍人として数年、仕事をしながら待機していた。

検査結果は身長、体重、軍医の診療後、甲・乙・丙・丁・戊の5種類に振り分けられ、甲は兵士に適任、乙丙は甲に準じ、丁は不合格、戊は判断保留。甲となると本人および家族にとって名誉とされたが、実際の心の内は推し量れなかったであろう。

徴兵検査そのものは、当時は成人式のようなものと受け止められており、一人前の大人の仲間入りを果たす儀礼のようなものだったという。戦争のない時や検査が始まって間もないころは、甲種合格の中から抽選で一部の者が軍隊に入り、それ以外は当分の間入隊を免除された。甲種合格ですぐ軍隊に入る者は「現役兵」と呼ばれ、2年間全国各地の師団に編入された後、召集解除され帰省できた。しかし、これは戦争がない時期のこと、戦中は2年での現役兵期間満了はまれだった。

抽選制度は、日中戦争の兵員不足で1939（昭和14）年に廃止され、甲種合格者は全員現役兵として入隊することになった。入隊者は、陸軍2年、海軍で3年現役に服した。退役後40歳（1943年末の改正以降は45歳）まで、兵士の予備軍として軍に登録された。兵役認定者は20年間、赤紙による召集に備えていなければならなかった。

在郷軍人制度

普段は一般国民として生活しながら戦争や事変が起こると急遽召集を受けて兵士となる人は在郷軍人といわれ、日中戦争開戦時には500万人ほどであったようだ。

「おじいちゃんみたいに甲種合格になってもすぐ兵隊さんにならなかった人は、呼ばれるまで何か役割があったのかな」

「ワシもそうだったが赤紙が来るまでは在郷軍人といわれていたよ」

「自宅待機みたいなものなの？」

「まあ、そんなものだ。演習とかで呼び出されたこともあった」

「旅行とかは？」

「家の周りでウロウロしていたわけではない。呼び出しがないときは家族旅行できたし、海外旅行した人もいたようだ」

「案外自由だったんだ」

「自由といえるかどうか、目的は別にして家を空ける時は家族か役場に行き先を届ける必要があったよ。そういう意味ではまったく自由だったとは言えないいな」

在郷軍人は、兵役期間中4回ないし5回「簡閲点呼」を受けねばならず、演習にもたびたび召集された。召集に応じない者は罰金や拘留があり、旅行時は所在を家族や役場に連絡し、海外旅行の際には本籍地の連帯区司令部に登録を義務づけられた。兵役期間中の国民は、戦時・平時にかかわらず、20年近く人生の一部を軍隊に拘束された。兵役は国民の時間と自由を代償にして成り立っていたのだ。

在郷軍人が制度化されたのは、日露戦争時(1904年)である。1年半におよぶ日露戦争では、現役兵、補充兵合わせて約110万人が動員され、戦死者は約8万5000人にのぼった。与謝野晶子の詩「君死にたまふことなかれ」が発表されたのはこの頃だった。

この制度は平時の常備兵力を少なく保つことで、軍の維持費は大幅に軽減される。そして戦時には在郷軍人を活用することで兵力の増強が見込まれた。要するに国家財政上のメリットが大きかったのだ。また、安上がりの軍隊を作るだけでなく、国民の理解と連帯感の醸成も目的であったようだ。

赤紙の対象者は徴兵検査の区分とは別であり、健康状態に力点が置かれていた。

甲:身体強壮にして激務に堪え得る者
乙:常務に堪ゆる者
丙:疾病・虚弱にして常務に堪えざる者

丁：徐役見込み対象者

村人の健康管理は、市町村に委ねられているとはいえ厳密なものであった。その背景には、健康を不正に申告し兵役を免れようとする者が多数いたのであろう。戦局が悪化する1943（昭和18）年から次第に厳しくなっていった。

「戦争中でなくても、徴兵検査後召集された人達がいたよね、戦争で不幸にも戦死した兵隊さんが多く、戦う人数が減った時に補充するために赤紙が発行されたのかなあ」

「赤紙発行については一切公表されていなかった。いつ、どこで、誰が決めたのか、どういうルートで最終的に市町村役場の人から届けられていたのか、一般国民には分からなかった」

赤紙を発行するプロセスは、軍の動員業務に関わる一部の軍人だけが知っており、役場の兵事係にも知らされていなかった。赤紙は年度初めに作成され、各地域の警察署に保管された。軍には市町村まで網羅する組織はなく、各市町村を管轄する警察署に赤紙を一度預け、警察が動員予報や赤紙を市町村に届け、それを兵事係が応召者へ届けた。そして、その結果を警察署に報告した。

当時の兵事業務内容の意味はここにあった。その赤紙の行方は、赤紙交付→押印後右端の受領証を切り取り役場へ。左側の本記の部分は応召者が保管し、入隊時所属部隊へ渡すのだ。一定期間保管後に焼却処分された。

志願兵

「いまは、自衛隊へ入隊する人は自分の意志で試験を受けるでしょう。戦時中は赤紙による召集令状だけで兵隊になったの？」

「自分から進んで軍人になった人もいたな。好きで軍隊に入ったわけではないのだろうが、親御さんをはじめ兄弟、親族の人たちの心配は計り知れないものだったに違いない」

福太郎の脳裏に、一途ともいえる表情を残し入隊へ走った村の青年の顔が浮かんだ。その青年は、福太郎が召集される前に戦死の知らせが役場に伝えられた。まずは「内報」と呼ばれ電報によって知らされ、内報からしばらくして軍司令部からの正式な「公報」で通知された。

「戦争に進んで行こうなんて僕には考えられないよ。戦えば自分が死ぬか、あるいは相手を殺すかでしょう」

戦闘で対峙すれば死が起こる。人を殺すなんてとても自分にはできないと学は身震いした。

「そういう時代だったということだな」

しかし今振り返ると、そういう時代だったと言い切れない思いもする。当時福太郎は、志願して軍人になろうとした人たちを、ただ単に「お国の為に勇気がある」とは思えなかった。福太郎は、あの頃の自分は冷めていたのか、と我を振り返った。

志願兵は15歳からが対象。陸・海軍とも志願兵制度があった。種類は予科練（飛行予科練習も）、特別操縦見習士官、少年飛行兵、少年戦車兵など。兵役期間は現役兵5年、予備役4年、後備役5年務めた後、40歳までは第一国民兵役に服した。予備・後備に編入された元志願兵も、在郷軍人として赤紙の対象になった。

多くの若者が志願していった背景には、軍の巧妙なPRと、県庁以下市町村役場の密接な連携プレーがあった。それは志願兵募集のパンフレットだったり、プロパガンダ映画だった。また教育機関が中心となり「生徒児童相互間の共励促進」と訓達される勧誘もあった。加えて様々なメディアが志願兵獲得に利用された。

「なんと、自らの意志なんてものじゃなかったじゃないの。まるで丸め込まれたみたいだね」

「様々な組織が関与していたとは知らなかったなあ」

徴発

「おじいちゃん、召集された対象は人だけではなかったらしいね、馬もそうだったんだ、本に書いてあったわ」

考えてみれば当時は装備の整った車両は多くなかっただろう。舗装された道路も少なかった。ましてや戦地は、都市部はもちろん、丘陵の岩肌や草原であったり急峻な奥深い森林などだ。攻めるにしても敗走するにしても、時間を稼ぐには重い荷物を多量に運搬できる馬が必要だった。

本来は輸送用自動車を配備するところであったが、自動車の生産が限られていたため馬を配備せざるを得なかった。多数の軍馬の徴発は日本陸軍の後進性の現れであった。

人の場合の「召集」に対し、馬などに対しては「徴発」と言われた。馬の徴発は「馬籍簿」が用意され、村内の馬はすべて登録された。農耕馬は性別・年齢・体格ごとに、騎兵用の「乗馬」、砲兵の砲車等の輓曳《ばんえい》用の「輓馬」、荷物を背負わせる「駄馬」の区分で登録された。馬のほか自動車も徴発されることがあった。

動員計画の実行には天皇の承認が必要であり、制定も天皇の名前で行った。明治憲法では、天皇が「陸・海軍を統帥す」と位置づけられた。すべての軍隊は天皇の統帥権（軍隊の最高指揮権）の下に置かれた。そこには軍隊の作戦行動だけでなく、動員の実施から赤紙の発行までが含まれる。

召集延期

福太郎は20歳になって徴兵検査を受け、甲種合格となった。そして数年後赤紙を受け取った。これは通常の流れの中での召集だった。

赤紙には2種類あった。

充員召集令状：年度動員計画に基づき作られる。前年度に作成し、あらかじめ警察署に保管、動員が下命になると発行。
臨時召集令状：戦時など状況に応じて動員計画にない部隊を作るときに発行。参謀本部の作成する「臨時編成令」を基に作られる（内容は動員令と同じ）。

「その時期、ワシも知らなかったな。村では『あそこの家の誰々には長い間赤紙が来ないらしい。何かあるのかね』と噂されたこともあったよ」

「どんな人だったの？」

「例えば、国民学校の先生なんかそうだったようだ。警察署や役場の一部の人なんかもいたな」

日本国民男子は20歳になると全員徴兵検査を受け、甲種合格者は召集の対象になったが、召集を延期されるものもあった。１９４３（昭和18）年の「国家動員計画令」によると、次のような者が召集延期の対象とされた。

・侍従、侍医など皇室に関わる業務従事者
・陸海軍部隊に在職し、余人をもって代うべからざる者、及び特種の雇用人、工員にして必要欠くべからざる者
・鉄道または通信業務に従事し必要欠くべからざる者

・船舶（50トン以上）乗務員にして必要欠くべからざる者
・民間航空乗務員にして必要欠くべからざる者
・国土防衛に直接関与する業務に従事し必要欠くべからざる者
・陸軍大臣の指定する工場又は事業場に従事し必要欠くべからざる者
・都道府県、地方事務所、警察署、市区町村の官公吏にして兵事業務を主管する者各1名
・帝国議会の議員
・国民学校教員中必要なる者
・上記のほか、国家総力戦遂行のために特に緊要なる業務に従事する者にして必要欠くべからざる者

赤紙を何回も受け取った人が多くいる一方で、兵役特権者のように召集延期を指定された人達がいたのだ。延期の対象者で最も多かったのが、軍需産業に携わる工場労働者であった。いわゆる熟練工を確保し軍需生産レベルを下げないことが、この制度の最大の狙いだったようだ。実際、軍需生産が追いつかないという事情があったようだ。

工場では延期を決めるのは工場側であり、右に該当しない者もあった。簿記を担当する事務員とか、その工場の幹部の親戚など、不正があった。

軍では、①召集延期制度、②臨時召集延期制度、③入営延期制度、④特別召集解除制度、⑤召集要考慮制度の5種類の延期制度を設け、その調整にあたった。これらの制度により、在郷軍人の5人に1人が召集延期になったという。戦時中の在郷軍人の人数は約500万人程だったが、①から④の延期制度だけを合計すると115万人以上、その5分の1以上にあたる生産技術者が延期の対象となっていたのだ。

当然問題はあった。工場労働者の多くは都市生活者であったから、農山漁村の住民に赤紙が集中した。軍はもともと農山漁村部を「体格の良い優秀な兵士の供給源」と位置づけて重視してきた。ある陸軍将校は、「農家は男手を失っても女子供でやっていけるが、工場技術者は代わりがない」と言ったそうである。

兵役の義務である公共性と矛盾する延期制度は、当時国民には知らされていなかった。実態が明らかになれば、戦争遂行に対する国民の協力も揺らいでいたかもしれない。

「もちろん、いろいろな事情があるのだろうが、何か変だよね。その延期対象にならない人達のすべてに、代わりになる人がいるとは思わないけれどなあ」

学は納得いかない様子だった。

徴兵逃れ

赤紙発行に関しても不正があった。不正は連帯区司令部に備えられた在郷軍人名簿の改ざんという形で行われ、在郷軍人名簿から当人の名前が破棄された。当時、一般国民は連帯司令部で赤紙発行を決めていたことを知らなかった。役場で赤紙発行先を決めていたと思っていたようだ。連帯司令部の職員が市町村の兵事係に連絡して、すでに役場に渡った赤紙を取り返す手口もあったそうだ。

部隊に入隊してからの健康診断などで兵役に耐えられないとして召集を解除される場合を「即帰」といったが、それを不正運用されることもあったようだ。ある元参謀によると、師団参謀には5~6人の召集免除者を決めることが認められていたという。動員計画令にも召集規則のどこにも出てこない話である。国会議員や大企業経営者の関連者など、多くの人を「即帰」させたそうだ。不正を行った参謀たちに何か対価があったのだろうか、今は闇の中だ。

日本に徴兵制が導入された明治時代には、養子縁組などの兵役逃れは一般的であったようだ。当時の国民も喜んで軍に協力したわけではない。総力戦体制が築き上げられる過程で、国民にとっての軍に対する認識、赤紙に対する態度が意図的に変えられていった。国民が国家に命を差し出すことが当然とされ、赤紙は逃れることのできない国民の務めと信じさせられた大多数の人々、この人たちは平等とされた兵役の義務が建前でしかなかったことを、どのように感じるのであろうか。

今日の日本は、老・壮年ばかりでなく行動に不自由な物理的あるいは精神的な障害を持つ人達にも働け、死ぬまで働けと強要し、「今後年金支給額はどんどん減らしていくからな」と脅しとも解釈されそうなことを平気で言う政権、政府である。「国会議員が率先して痛みを伴う政治改革を！」などともっともらしいことを言うが、痛みを実感しているのは、太るばかりの政治家やグローバル企業に胡坐をかいている経営者ではなく、その者たちの為に血と汗を流している一般国民だ。現政権と戦時中の軍司令部、並びに搾取まがいで富を得ていた企業とどこが違うのか、福太郎は安倍政権の欺瞞に満ちた言動、政権運営に疑念を感じるのだった。

「召集延期や兵役免除があったり不正があったら、戦場へ駆り出される対象者は減るよね。戦争自体はどんどん拡大していったのに……」

戦争が長引けば、当然戦死する人は増加する一方だ。毎年徴兵検査対象者があるとはいえ、補っていけたのかと学は思った。

国家総動員体制と学徒動員

「当時は20歳以上の健康な人は全員順番に召集されて当然だったんでしょ？」

「国民全員で戦おう、と意気込まされたよ。それは、女性や子供を含め、それぞれができることで国に貢献しようということだった」

国民すべてを対象に戦時体制が確立されていき、「国家総動員法」が制定された。軍動員が優先され、それを中心に国家の政治、経済、教育すべての領域での統一的な運営をするのである。具体的には軍動員、軍需動員、交通動員、食料燃料動員、金融動員などであった。これらは日中戦争勃発後の１９３７（昭和12）年以後、次々と実現していった。

総動員体制の準備として、「戦時に利用すべき諸資源」の数量と分布移動の状態が調査された。この諸資源に国民が含まれていたことは言うまでもない。在郷軍人の調査も含め、軍が個人情報の把握に細心の注意を払った理由はここにある。国民の情報を管理・把握し、一人ひとりを兵士あるいは生産者として戦争遂行に役立てることが必要だった。

「その時期の学生さんは、一般の人と違って兵役検査を猶予されたんだよね。終戦になるまで戦争に行かなくてよかったの？」

学が大学生になる頃、一億総活躍社会とか言って、国民の目先を変えるようなお題目ばかり並べる政権が日本社会をコントロールするようになる。学は、国民全員で戦おうと触発されていた戦時中と大いに通じるものを感じるようになるのだ。

「戦争が進むにつれ戦死者が多数となった。戦況が日本に不利になってから、学生さんも徴兵検査を受けるようになった。ワシの村にも徴兵検査を受けるために大学の寮から帰省した人があったな」

当時、福太郎の村では大学生になる者はほんの一握りの若者だけだった。その青年は尋常小学校の先生の息子さんだった。子供の頃は一緒に野球や鬼ごっこをしたり、川へ泳ぎに行ったものだ。

1943(昭和18)年10月21日、明治神宮外苑競技場で学徒出陣壮行会が行われた。「在学徴集延期臨時特例」は、先送りとなっていた学生が徴兵検査を受けることを意味していたという人もある。壮行会後、10月25日から11月5日にかけて、学生たちは本籍地で徴兵検査を受けた。徴兵検査の扱いは一般の国民と同じであった。

壮行会は国民向けのデモンストレーション、いわゆるプロパガンダだったと言われている。当時、学生は徴兵検査を免除され、国民の学生に対する反発は非常に強かった。当時、学生は金持ちの息子がほとんどであり、徴兵逃れとも言われていた。

壮行会は東条首相を招き映画化された。国民全員が一致して戦争協力しなければならないという意識づけに、文部省と軍部は成功したようだ。学徒動員でも理系や師範学校の一部学生には「入営延期」の措置が取られ、戦場に旅立った多くの学生は文科系だった。

動員された学生の多くは下士官、戦闘機のパイロット、戦車の乗務員など高度な能力を必要とする分野にまわされた。学生の高い資質を利用するのは軍の狙いの一つであった。特攻隊でも乗務員として多くの学生が海に散った。

学生に動員が拡大する一方で、中年層にもそれは同様だった。

「何年だったかなあ、召集制度が変わって40歳の退役年齢が45歳に引き上げられた。40歳までに多いと3回召集された人もあると聞いたことがあった。やっと退役して家族と暮らせると一息ついたことだろうが、戦況が悪い方へ悪い方へと流れたんだ」

「若い人でも過酷なのに、40歳を超えると体力的に相当厳しかっただろうね」

兵役期間45歳までの引き上げ、朝鮮人、台湾人への兵役適用、さらに学徒動員と、兵士の供給源は拡大した。日中戦争開戦から終戦まで8年間に、10倍以上の兵力を要することになった。

1942年6月、海軍がミッドウェーで大敗北。1943年2月、ガダルカナル島撤退。当時の大本営関係者によれば、これで太平洋戦争の敗北を認識していたという。

それ以降、日本は勝ち目のない戦争を継続し、結果的に1943年の召集制度の改正は、最初から負けることが分かっていた戦いへ大量の兵員を送り込むためになされたようなものであった。その時点で、すでに動員システムそのものが崩壊していた。大消耗戦となった太平洋戦争については、そもそも、石油、船舶など物資と輸送力の面から開戦を危ぶむ声があったことはよく知られている。

陸軍は当初、太平洋地域で拡大した戦争をするとは思っておらず、仮想敵国はソ連であった。

アメリカとの対戦はあくまで海軍の担当と考えていた。従って、太平洋戦争準備の際、南方の地図もなく作戦は地図の取得から始まったという。太平洋戦争開始後の陸軍の配備は、1943年まで主力を中国と満州に張り付かせ、南方での作戦が一段落すれば、兵力を南方から満州へ移転させるつもりだった。

当時、軍人という職業に携わった者にとっての一般的な戦争観を、ある兵事課の将校が語っている。

「戦争は負けたらお終いなんです。勝つまでやらなければいけない、負けたら何にもならない。最初から兵隊の数など決めてやるものではないのです。一旦戦い始めたら限度を超えても勝つまでやるしかない、それが戦争というものです」

なぜ、限度を超えて大量の赤紙が発行されたのか、戦争とはいかに矛盾に満ちたものかを、この言葉が端的に表している。

第2章　安倍政権がめざすもの

第一次安倍政権の発足と崩壊

2006（平成18）年9月20日、自民党総裁選で安倍晋三が第90代自民党総裁に選ばれ、内閣総理大臣に任命された。この総裁選には麻生太郎、谷垣禎一も出馬し、安倍464票（66％）、麻生136票（19％）、谷垣103票（15％）の得票結果だった。前首相の小泉純一郎によれば、下位2人も傷つかない票をとれたと語っていたが、裏を返せば、安倍一人が好き放題できない結果になったと言う識者もいた。

安倍は組閣に際し、「最後は総理が決断することになる」と小泉流に倣おうとしつつ、「老・壮・青のバランスもとる」と二兎を追った。しかし、あまりに多い主流派の入閣に対して、党内からは様々な注文が噴き出した。結果、政策遂行にあたって必要な、3分の2の支持が強固とはいえなかった。この段階では、後の一強独裁は考えられなかったであろう。

2006年9月29日、第一次安倍内閣発足に伴い、所信表明演説が行われた。そこでは、
・努力が正当に報われるフェアな競争が行われなければならない。
・2010年までにフリーターをピーク時の8割に減らす。
・歳出削減を徹底し、2011年に国と地方の基礎的な財政収支「プライマリーバランス」を黒字化。
・教育再生を図り改正教育基本法の早期成立を期す。
・在日米軍再編は抑止力を維持しつつ沖縄など地元の切実な声によく耳を傾ける。
といった内容が述べられた。後の政権運営を見ると、これとは真逆の事態が進行したり、国民の多くが望まないかたちで現実化したりしていることがわかるだろう。

また、安倍首相は「官邸の中における政治のリーダーシップを確立させ、情報収集分析、政策立案などの機能強化を図る」ことを明言し、首相補佐官の増員や日本版NSC（国家安全保障会議）の新設を掲げた。これらは、組織と人事両面での「官邸主導」に向けた布石であったが、後の森友・加計問題における官僚の忖度行為や虚偽答弁につながる土壌が生まれたといえる。

こうしてスタートした安倍内閣だったが、政権発足して間もなく、佐田行政改革担当相が政治資金問題で辞任、柳沢厚生労働相が「女性は子供を産む機械」と発言、松岡農水相の光熱費

問題が発覚し1か月後に自殺、久間防衛相が原爆投下を「しょうがない」と発言し辞任、赤城農水相が原因説明なく絆創膏で顔面を覆うほど張って国会に出席し更迭……と、不祥事が相次いだ。

2007（平成19）年7月29日の参院選で、自民党は歴史的大敗を喫した。相次ぐ不祥事に加え、この敗因は自民党が総括文書で認めているように、安倍政権と民意のずれだった。年金問題で国民の不安が募っているとき、首相は「憲法改正」を争点に掲げていた。格差拡大に苦しむ参院一人区から悲鳴が出ているのに、効果的な政策は打たれない。都市部では改革に対する自民党の熱意に疑問が出ているのに、それに対しての明確な答えが出せなかったのだ。

選挙結果を受け、安倍政権は内閣改造を余儀なくされた。

2007年8月27日に成立した改造内閣では、またしても発足直後から閣僚の不祥事が相次いだ。

8月27日

岸田文雄（沖縄北方担当相）　政治活動費の日付けの変更

二階俊博（党政務会長）　事務所の無償提供

大野功統（元防衛長官）　政治献金の記載漏れ

西川公也（衆院議員）　自らの所有建物に事務所が無償で入居

8月28日

安倍晋三（首相）　政治献金の記載ミス

額賀福志郎（財務相）　事務所建物の未登記

8月29日

玉沢徳一郎（元農水相）　領収書の重複利用

荻原健司（経済産業政務官）　自宅の電気代を政党支部が支出

原田令嗣（衆院議員）　政治献金の記載漏れ

8月30日

遠藤武彦（農水相）　補助金交付団体からの政治献金

8月31日

遠藤武彦（農水相）　組合長理事を務める共済組合が不正受給（9月2日辞任）

岩城光英（官房副長官）　パーティー券購入を政治献金に訂正

坂本由紀子（外務政務官）　領収証の重複利用（9月3日辞任）

石原伸晃（党政務会長）　会場費の金額の記載ミス

小林　温（参議院）　出納責任者らが公職選挙法違反での罪で起訴（9月4日辞

職)

(日付は発覚日、朝日新聞2007年9月2日より)

そして、9月10日に所信表明演説をした2日後に安倍首相は内閣総理大臣の職を辞任した。

「戦後レジーム」

このように1か月ももたなかった第一次安倍改造内閣だったが、発足に際して行われた所信表明演説は、その後の第二次内閣以降も安倍政権のポイントとなる国家観や政権運営の枠組みが示されたものであった。そこで安倍が用いたのが、「戦後レジームからの脱却」というフレーズだった。

安倍首相の言う「戦後レジームからの脱却」とは、所信表明演説によると、教育再生や安保法制の再構築を含め、戦後長期にわたり平和を維持してきた諸制度を原点に遡って見直す改革、すなわち平和憲法のもと築いてきた戦後体制からの脱却と解釈できる。

そもそも「戦後レジーム」とはなんだろう。

戦後レジームとは、第二次世界大戦後に確立された世界秩序(ヤルタ・ポツダム体制)や制度のことを指す。レジーム(regime)は「体制・政治体制」などの意味で、フランス革命以前の旧体制を意味した「アンシャン・レジーム」などの用例があり、政権交代などにより体制転換が行われることを「レジーム・チェンジ」という。

現代の日本では、太平洋戦争での日本の降伏後、GHQ占領下で出来上がった日本国憲法をはじめとする法令等及び社会体制を意味する言葉として使われている。では、明治憲法下の戦前と現在の憲法による戦後はどのような違いがあるのか、数例を見てみよう（次頁表）。

国民は戦後、日本国憲法を制定して戦前の旧体制と決別し、新しい国になることを決意した。憲法は国家権力を縛って、私たちの権利、自由を守り平和を守ってきた。これが戦後レジーム（戦後体制）である。この新憲法による戦後体制下、一人ひとりを大切にする新しい時代の国に生まれ変わろうと、日本は努力してきた。

この戦後レジームから脱却するということは、これらの価値を否定して戦前に戻ることを意味する。

安倍総理は、まず教育基本法を改正して、教育の目的を「国家及び社会の形成者として必要な資質を備えた国民を育成」することとした。つまり、国を支えるのに相応しい国民の育成を教育の目的とし、国家のための教育としたのだ。そして、個人よりも国家の価値を大切にすることを、国民に押し付けようとした。

これが安倍首相の言う戦後レジームからの脱却の意味であり、その集大成が「戦争ができる

	戦前	戦後
戦争	1874年の台湾出兵に始まり、71年間もアジアに向かって軍事侵攻し戦争をし続けた	新憲法の下で「再び戦争の惨禍」が起こることのないようにすることを決意した上で、9条2項によって戦力を持たず一切の戦争を放棄したその結果、戦争をしない国でい続けることができた
教育	国の為に犠牲になることは素晴らしいことだと教育するために国家が教育内容を決めて介入してきた	教育基本法を作り、教育は不当な支配に服することがないようにし、教育行政も条件整備に限定した
宗教	戦死という悲しい出来事を国の為に戦って死ぬことは名誉ある素晴らしいことだと讃えるために靖国神社という仕組みを作り、宗教を戦争に利用した	政治は宗教に関わってはならないという政教分離原則を採用（20条3項）
思想	思想・良心の自由は保障されず、君が代や日の丸を通じて天皇崇拝や軍国主義思想が強制された。表現の自由も法律によって制限出来る国だった	思想・良心の自由を憲法で保障し（19条）集会、結社及び言論、出版その他一切の表現の自由はこれを保障する（21条）
地方自治	都道府県は政府の出先機関のような役割を果たすだけだった	地方自治を憲法で保障し、政府が地方自治の本質を侵すことができないとした（92条）
差別	障害者・女性・子供を戦争に役立たないとして差別した	差別のない国を目指してきた（14条）
格差	華族・財閥・大地主のいる一方で貧困に喘ぐ人々も大勢いた格差のある国だった	貴族制度を禁止するとともに（14条2項）財閥を解体する一方ですべての国民の生存権を保障し（25条）、格差の是正を目指す国となった
主権	天皇が主権であり、その国家のために個人が犠牲になることが素晴らしいという価値観の国だった	主権者は一人ひとりの国民となり（1条）その個人の幸せに奉仕するために国家があるのだという個人を尊重する国になった（13条）

出典：サイト「中学生の為の憲法教室」（法学館憲法研究所）より一部改変

国」にするための憲法改正である。

第二次安倍内閣

学が福太郎から太平洋戦争に関連した話を初めて聞いたのは、中学1年生の時だった。福太郎が体験した闇の青春時代と違い、学は情報過多の環境の中で成長してきた。とはいえ、激動する世界情勢の中で日本の指導層が国民をどのように導いてきたのか、との思いを馳せるには少々荷が重かった。自分を含めた日本の将来についても、まだ具体的にイメージはできなかった。

学が中学2年生となり桜の開花情報がTVで賑やかになった頃、高校進学について友達の間でボツボツ話題に上るようになってきた。国語の授業の折、先生から受験対策として新聞に目を通すことを習慣にするとよいとアドバイスがあった。教室では一瞬ざわめきが起こった。「新聞なんて難しすぎるじゃん」、新聞の活字を拒否するように、顔を見合わせ頷き合っていた。

学には、先生が勧める「新聞を読め」という意味がよく理解できなかったが、その後家でソファに座りお菓子を食べ寛いでいる時、テーブルの上に雑然と置かれた新聞を手に取ってみることが多くなった。野球少年の学は自然にスポーツ面を開いた。あとは特に意味なく三面記事に進み、パラパラと一面へと進むのが習慣になっていった。

学が新聞に目を通すようになって1年が過ぎ、高校受験まで数か月と迫った秋の日曜日だった。クラブ活動から離れ、受験勉強一筋の疲れを癒すため、左手にジュース、右手にお菓子を持って例のごとくソファに座った時、無造作に置かれた新聞の一面に視線が止まった。そこには、現政権民主党党首野田総理と自民党安倍総裁の党首討論の写真が掲載されていた。学にとって政治はまだ遠い存在のように思われ、頭の中は高校受験一辺倒であったが、具体的に言い表せない何かが心に引っかかるのを感じた。

2012（平成24）年11月14日、野田佳彦内閣総理大臣（民主党）は、安倍晋三自民党総裁と国会での党首討論の演壇の席に立った。その席上、野田総理は衆議院議員定数削減と消費税アップについて安倍総裁の賛同を求め、その提案に賛同できるのであれば衆議院を解散すると発言した。安倍総裁は人を食ったような笑顔で応じた。そして、党首討論の2日後、野田総理は内閣総理大臣の権限をもって衆議院の解散を表明したのだった。

翌月の12月16日衆議院選挙が実施され、自民党は獲得議席率43・02％（小選挙区）、27・62％（比例区）、総獲得議席数294（公示前118）と、衆院議員定数480の過半数を獲得、公明党31議席と合わせ与党として定数の3分の2を超える議席を獲得した。

衆院議員選挙の開票結果を報じるTVモニターを見つめる福太郎のまなこは、時間が経過するにつれ光を失い、暗く澱んでいった。そして深夜も深まった頃、福太郎の口から「危ない」

と、諦めとも言えるような呻き声が漏れた。

２０１２年12月26日、第１８２特別国会が招集され、自民党の安倍晋三総裁が第96代首相に選出された。ここに第二次安倍内閣が発足したのである。

「おじいちゃん、今度の総理大臣はまだ若いんだね。それでも二度目だって」

第一次安倍内閣の時代、学は小学生であり、総理大臣なんて頭の片隅にもなく友達と遊ぶことに心を躍らせている普通の男の子だった。

「そうだな、前回首相になった時は『美しい国、日本』を作ると言って何か意味不明の抽象論で民衆をはぐらかしていたような印象だったよ。しかし、ある年齢層以上の女性に人気があったようだ。外面はソフトだし政治に無関心な人たちには受けたんだろう」

ＴＶは安倍首相返り咲きを伝えていた。

「安倍首相を支持するポイントはなんですか？」

選挙カーの上に立ち演説する安倍晋三へ、黄色い声と共に盛んに拍手を送る３人連れの中年女性に、ＴＶ局のアナウンサーがマイクを差し出した。

「かっこいいものね」

３人の女性は満面の笑みでお互いの顔を見合わせた。

「それだけですか、何か政策に期待しているとかはないんですか？」

「日本は平和だし安倍さんに任せておいたらいいじゃないの、ねえー」

学は、TVニュースで安倍首相の所信表明演説を見ていた。

「この首相はいいなあ、『丁寧な対話と説明を心掛けながら、真摯に国政運営にあたっていくことを誓います』だって。僕らにも丁寧に対応するって意味なんだろうか」

「適当にあしらいますよ、とは言わないだろう」

福太郎は複雑な表情で素っ気なく答えた。

国家安全保障会議

学は地元の希望した高校へ進学した。桜が咲き誇る高校の門を晴れやかな心地で通ってから8か月が過ぎた2013（平成25）年12月4日、安倍政権は国家安全保障会議法改正を行い、外交・防衛を中心とした安全保障の司令塔である国家安全保障会議（日本版NSC）が設置された。会議の運営方針として審議されたのが「国家安全保障戦略」であり、「積極的平和主義」がこの戦略における基本理念として明示された。

「おじいちゃん、『日本版NSC』ってなんか格好いいよね。日本は周辺の国々と色々難しい問題が多いから、僕らが安心して日常生活できるように政府が対策を考えているんだ。頼もしいなあ」

学は、現政権の表面を見て素直に評価しているようだ。

「あれは米国のＮＳＣを参考にしてか、真似てか知らないが作ったものだ。国策における官邸主導の一つかな」

国家安全保障会議（ＮＳＣ）とは、単なる「会議」などではなく、その英語名（Council）の通り「評議会」「諮問会」あるいは「審議会」といった性格を帯びている。国家の中枢に位置する戦略的な意思決定機関であり、最高権力者である首相あるいは大統領と密接につながるトップ直轄の「エリート・ブレーン集団」とも言われる。

「へえー！　難しそうだけど世界の他の国々にも似たようなものがあるのかな」

「どこの国でも自国の国民や領土は大切だから、ＮＳＣと表現するかどうかは別にして何らかの体制はあるんだろうな」

米国のＮＳＣはホワイトハウスが外交、安全保障政策を手掛けるほか、国務省、国防省、財務省、通商代表部（ＵＳＴＲ）など政府内の関係機関との調整、米国議会への根回し工作、さらに諸外国政府との水面下での交渉、政策調整まで担当する。

その構造は大統領、副大統領、国務長官らを主要メンバーとし、実践的観点から様々な政策、事案に対応するための副長官会議などがある。ＮＳＣのトップは、国家安全保障問題担当の大統領補佐官（Security Adviser ＝ＳＡ）で、その配下として次席補佐官以下約２００人の専任スタッフが控える布陣である。

「アメリカはすごいんだね。今でもアメリカは世界の警察官と言われているのかなあ、以前そんなこと聞いたことある。アメリカの国民だけでなく、世界中の人々の安全を見守っているんだね」

学はノンポリ高校1年生の典型的タイプのようだ。

「世界中に軍隊を派遣しているし、アメリカの軍事基地も複数国にあるからな。見方によれば警察官か。一般的に言えばアメリカの国益を守るためなんだろう。学もこれから色々分かってくるだろうよ」

「米国のＮＳＣ構成メンバーの顔触れもすごいね、補佐する人達の人数も」

「あれは２００１年９月11日だったたな。ニューヨークで二つの高層ビルに飛行機が突っ込み倒壊され、３０００人を超える死者が生じる同時多発テロがあった」

「それは知っている。今でもＴＶでよく放送されているものね。日本人も多数亡くなったんだよね」

「儀礼的に〝お悔やみ申し上げます〟と言える状況ではなかったよ、あのテロは。アメリカはサウジアラビア国籍のオサマ・ビン・ラディンを首謀者と断定し、拠点としていたアフガニスタンへ戦力を送った。当時本人を匿っていると指摘されたアフガニスタンを支配していたタリバンを倒した後、アメリカの傀儡政権のような体制を作ってひとまず区切りをつけた。オサマ・ビン・ラディンはアフガニスタンあるいはタリバンと通じていたパキスタンに潜伏していたが、数年後パキスタン拠点への空爆で息の根を止められることになった」

「オサマ・ビン・ラディンとタリバンの名称は知っている。アフガン戦争は多くの一般人が巻き添えにされて死んだんだね。そしてアメリカ兵の棺が途切れることなく空軍空輸機から運び出される映像を見たことがある」

アメリカは、対アフガン戦争、続くイラク戦争により一極支配構造を手放したとはいえ、なお超大国として世界に君臨する存在である。その外交と安全保障を切り盛りするNSCは、国際社会の動向や情勢に大きな影響力を持つといっても過言ではない。「世界を動かす組織」とも評される。

「おじいちゃん、米国のNSCは同時多発テロの後にできたの?」

「いや、以前読んだ本に書いてあったが、第二次世界大戦の数年後だったと思う」

米国NSCは第二次大戦後、ハリー・トルーマン大統領の指揮の下、1947年に発足した。終
「トルーマン大統領って、広島・長崎へ原爆投下の命令を出したって歴史の授業で習った。終戦後すぐ発足させたとは、世界各国に対する影響力を温存しようとしたんだね。戦勝国としてのんびり余韻に浸っていたわけじゃないんだ。おじいちゃんの言う『国益を守る』ってこうい

うことかなあ」

「まあな、具体的にどんな活動をしているのかその詳細を知る由もないが、我々庶民の目の届かないところで世界は動いているのさ。関心を持ちようにも、あまりにもかけ離れている」

米国のNSCは、日常業務は大統領も原則として出席し、1週間に数回の会合を開催している。会合のテーマ・議題はその時々の世界情勢や米国が直面する政策案件などによって変わる。アジア、欧州、ロシアなど地域割りの部署や、大量破壊兵器の拡散問題、人権問題など個別イシューを担当するセクションから専門担当者が大統領・政府幹部達に直接、最新情報の分析結果、政策オプションなどを提示する。

大統領が外遊する場合、NSCのトップSAはブリーフケースを持って同行する。このブリーフケースには、俗に「フットボール」と呼ばれる戦略核兵器の発射命令を下すための装置が入っていると言われる。

外交・安保政策について国務省と国防総省という巨大組織を擁する米政府においては、最高権力者である大統領が時に独善的になり、裸の王様になりかねない。その代表例が第二次世界大戦時、絶大な人気を誇ったフランクリン・デラノ・ルーズベルト大統領だった。この大統領強権の弊害を取り除き、その絶対的な権力が方向性を間違わないようにという趣旨に沿ってNSCを創設したのがトルーマンだった。

「アメリカの大統領ってものすごい権力があるんだね。大統領が右向け右と言ったらみんな右を向く。独裁者と大差ないんじゃない。民主主義先進国でしょ、アメリカは」

新聞・TVなどの報道に多少は触れるようになった学のアメリカに対する印象だ。

「読んだ本によれば、強すぎる大統領権限の弊害を取り除くためにNSCが創設された、ということだ。近年、世界中どこの国でも似たような組織が存在すると思う。表面的な人気で返り咲いた我が国の首相も、ボチボチその兆候が出てきているように見えるわ」

創設から半世紀以上が経ち、米国のNSCについてはすでに米国内でも様々な問題が指摘されている。

「クリントン、ブッシュ時代を通じ、NSCの力は大きくなっていった」と1990年代前半、クリントン政権で対日、対中、対北朝鮮政策などを担当した日本通のベテラン外交官トーマス・ハバードは言う。また、知日派として知られるリチャード・アーミテージ元国務長官（子ブッシュ時）は渋面を作りながら「NSCについては苦い思い出も沢山ある」と打ち明ける。

つまり、NSCという組織は、その先進国である米国においても理想像にはなお到達しているとは言い難いのが実情であるようだ。

日本版NSC

「おじいちゃん、日本版NSCを作るきっかけは何だったんだろうね。単に、『そろそろ日本もアメリカをまねて国家安全保障会議を作ろう』だったのかな。もちろん、僕らの生活や国土を守るための安全保障政策は大事だと思うけど。日本版NSCと英語表記になると、なんだ真似なのか、と一瞬思ってしまうよ」

「どうもアメリカの方から日本もそろそろNSCの必要性があるのでは、と問われたようだ。日本の中央官庁は従来から政策の変化を嫌うからな。日本の官僚体制では、運営システムとして手堅いとか、継続性があるとかが評価される。一方で、時代の変化に即した政策転換や大胆な意思決定に迅速性が欠けているとも言われてきた。今の政権はアメリカ志向が強いし、よく言うことを聞くからな。日本にとってプラス面ばかりでもないだろうに……」

大統領制も政治任用制度も採用していない日本にとって、NSCのような組織を作ることには障害があるとも言われている。これまで、日本の政治意思決定システムは、中央官庁を巨大なシンクタンクに見立てこれに依拠してきた。ここに想定外の混乱をもたらし、元来ムラ社会的な構図での組織運営を好む日本的国家運営の利点を殺してしまう危険性もはらんでいる点から、NSCはある意味諸刃の剣のような存在になる可能性を秘めていると指摘されてもいる。

「先日、新聞のコラムで安倍首相が日本版NSCの創設を急ぐ理由とは云々という記述があったけど、おじいちゃん読んだ？　僕らの安全を守ってくれるなら早く作ってくれると嬉しいが、よく言うじゃない、外面と内面は違うってさ」

「本当だな、美しい国日本を作るとか、抽象的な言い回しで政権のトップに立った人だものな。あのコラムによると、安倍首相が日本版ＮＳＣの創設を急ぐ理由は、憲法改正と連動しているからということだ」

学と福太郎が読んだコラムによると、安倍首相がＮＳＣを急ぐ理由として四つあるという。

第一の理由は、「日米同盟が日本外交の基本」という対米基軸路線を唱えつつ「戦後レジームからの脱却」を掲げ、ＮＳＣという組織をその二つの命題を同時に達成する為の政治的道具としているため。

第二の理由は、「普通の国」になること。国防や安全保障・諜報活動といった国家機能について、日本が自らの手で再強化に取り組み、この分野での対米依存度を低くする。その上で、経済だけでなく外交安全保障分野においても世界で主導的立場を確保するため。

第三の理由は、日米同盟体制がある種の質的変質を求められていること。

第四の理由は、明治維新以来日本の国家運営の根幹を担ってきた官僚を主体とする中央集権体制が制度疲労を起こしているため、そこから脱却しようという趣旨も指摘されている。

「第四の理由と関係するとも思うけど、記事では、日本版ＮＳＣの導入にはそのための組織を必要とすると記されていたね。あんまり短兵急に導入しようとすると、良いものが出来ないんじゃないのかな」

「学、短兵急なんて難しい言葉を使うじゃないか。でも、学の言う通りかも。安倍首相の周辺から聞こえてくる声の多くは、首相の権限強化やトップダウンの意思決定システムの確立といったところらしい。また、今のままでは安全保障案件についてその都度閣議を開いて意思統一し、対応しても間に合わない、ともっともらしく言ってるな」

「例えば、北朝鮮が弾道ミサイルを発射してくることとか？　ミサイルが発射されてから会議をしている間に日本のどこかに到着しちゃうよね」

必要性は分かるような気がする、と学は訳知り顔で福太郎へ視線を流した。

「確かにそういう考え方はある。だが、そもそもＮＳＣがアメリカ大統領の強すぎる権限に対する『安全装置』という役割を担っていたことを忘れてはならん。意思決定の迅速化と首相の権限強化は、分けて考える必要があるんじゃないか」

「ふーん……。ところで、ここで言う『普通の国』ってなんなの？」

「安倍首相が言う『普通の国』とは、武力を含む力をもってして世界へ出る、という意味あいがあるだろう。首相がそういった考えである一方で、民間商社社長・会長職から、民間出身では初の中国大使に就任した人の言葉には、重いものを感じるな」

福太郎は最近読んだ本の一節を紹介した。

日本は世界の中で、普通の国を目指すべきではない。日本が目指すべきは、世界中から尊敬される国である。尊敬される国とは、武力を以て世界に出向き、世界を屈服させる強国ではない。世界が感服する良いお手本となる国、人類の希望となる国である。平和的手段で問題を解決するというのは、当たり前のことだ。しかし、多くの人や国は、当たり前のことが当たり前に出来ない。当たり前のことが当たり前にできる国が「特別な国」なのである。

（『戦争の大問題――それでも戦争を選ぶのか』丹羽宇一郎、東洋経済新報社）

「そうか、日本には武力がなくても世界貢献できる可能性がある、という人もいるんだね」

学は今までに出会ったことのない考え方に触れたようだった。

特定秘密保護法

２０１３（平成25）年９月19日、菅官房長官は記者会見で、「情報漏洩の脅威が高まっている中で、今後設置する予定のＮＳＣの活動をより効果的に行うためには、諸外国からの我が国の情報保全体制への信頼が不可欠だ」と言った。

　戦後、日本は平和国家の理念に反するとして、安全保障政策を真正面から論じたり、独自の諜報機関設置などを避けてきた。そんな状況から、日本は〝スパイ天国〟とも揶揄されてきたともいわれる。その現状から抜け出そうと、日本版NSCが立ち上がるのに連動して「特定秘密保護法」制定が、政治課題として急浮上してきた。

「この特定秘密保護法制定については、国内で強く反発、警戒する識者・ジャーナリストなどの声がある」

　戦争を知る世代の福太郎は、かつて味わった何ともいえない重苦しい空気を思い出していた。

それに対し学は、無邪気に応じた。

「なんで反対するの、僕には分らない。安全保障や防衛などの重要な情報が流れ出たら困るよね、僕たちの生活に関わってくるかと心配だよ。日本の政府もなかなかやるな、と思うけど」

「一般市民の知る権利やマスコミの報道の自由が制約されると心配しているんだ。つい先日のニュースによれば、安倍政権が自民党の『インテリジェンス・秘密保全検討プロジェクトチーム』に提示した秘密保護法案の原案で、報道の自由については十分に配慮すると明記されたものの、国民の知る権利については具体的な提案を見送った、と言っていた」

「インテリジェンスって何のこと？」

「この場合、情報、情報機関、諜報部などかな。アメリカのＣＩＡって聞いたことあるだろう、Central Intelligence Agency（中央情報局）の略語だ」

日本国憲法に以下の条文がある。

第二十一条　集会、結社及び言論、出版その他一切の表現の自由は、これを保障する。
２　検閲は、これをしてはならない。通信の秘密は、これを侵してはならない。

国民の「知る権利」や「報道の自由」「言論の自由」を特定秘密保護法から守る手段として、憲法二十一条が持つ法的拘束力を何らかの方法で一層強化することで特定秘密保護法との均衡を図るという考えがある。しかし、識者の声として、自民党改憲草案からはそうした考え方が見いだされないと指摘がある。自民党改憲草案で第二十一条は次のような文面に変更されている。

第二十一条　集会、結社及び言論、出版その他一切の表現の自由は保障する。
２　前項の規定にかかわらず、公益及び公の秩序を害することを目的とした活動を行い、並びにそれを目的として結社をすることは、認められない。

3　検閲はしてはならない。通信の秘密は、侵してはならない。

　自民党草案で付け加えられた2項は「公益及び公の秩序」を害することを「目的」とした表現行為について、禁止する立場を示している。さらに、現行憲法の1項、2項から「これを」が削除されている。

「文面を読んでもよく分かんないや。自民党が憲法改正すると何か問題あるの？」

「自民党の草案で付け加えられた2項の、目的が公益及び公の秩序を害するかどうかという判断は、行政府が行うことになる。その時の政府が自らの政策を擁護するため、それを批判したりする行動が公益を害すると判断すれば、そうした活動は行えない恐れがあるという指摘を読んだな。その本によると、自民党の憲法改正案は言論の自由と秘密保全のバランスを取るという観点から言って、米国に学ぶどころか、その逆の方向に行きかねないそうだ。自民党政権及び安倍首相のバックで糸を引く組織的なものの都合に合わせようとしているのかもしれん」

　2014（平成26）年12月10日、特定秘密保護に関する全二七条からなる法律が施行された。法律の目的は、「日本国の安全保障に関する情報のうち、特に秘匿することが必要であるものについて、当該情報の保護に関し特定秘密の指定及び取扱者の制限その他の必要な事項を定めることによりその漏洩の防止を図り、もって日本国および国民の安全を確保に資すること」とされている。

「いよいよ特定秘密保護法がスタートしたね。野党議員や様々な人達が国会前で反対・阻止を訴えるデモをしていたけど、結構強引な形で安倍政権は成立させたなあ。皆の反対が危惧だけで終わればいいんだけど……」

今まで学は自分たちを守ってくれる法律と思っていたが、新聞やTVニュース、識者のコメントなどを見ていると、政権、政府の言うことに少しだが肌寒さを感じることがあった。

「いちおう、防衛・外交・スパイ防止・テロ活動防止の4分野に限定と、と表向きはされているな。反対意見が多いのは、特定秘密指定の範囲が広くあいまいで、どんな情報でもどれかに該当してしまう恐れがあるようだ」

「誰が指定するの？　各大臣かな」

「指定するのは、それぞれの情報を管理する行政機関の長だから、大臣だろうな」

「そう、じゃあその人の判断で、どんな情報でも特定秘密に指定することができるよね。僕らは何も知ることなく過ぎてしまうのか。安倍政権って結構好き勝手やっているんだ……」

「そこだな問題は。行政機関が国民に知られたくない、あるいは都合の悪い情報を特定秘密に指定すれば、国民の目から隠してしまえるわな」

例えば、普天間基地に関する情報や自衛隊の海外派遣などの問題は「防衛」に含まれる。また、原子力発電の安全性や放射線被曝の実態、健康への影響などの情報は「テロ活動防止」に含まれる可能性がある。これらの様々な情報が、行政機関や政権の都合で国民の目から隠されてしまう可能性大であると指摘されている。

「先日の新聞で、検事総長を務めた人がインタビューに答えていたよ。日本には国家公務員法や自衛隊法などがあるのに新たに特定秘密保護法が作られたことは疑問であり、たとえ秘密漏洩が起きても、既にある法律で十分対処できると思う、と言っていたね」

「そんな記事があったな。法律に違反した場合、最高刑は10年という重罰になる。そんな重罰規定を新たに作る必要があるのかとも言っていたな。国家公務員法は1年以下の懲役だそうだ。刑事処罰に深くかかわる役所にいた立場からすると、いかにも重いともな」

「マスコミの取材報道に対しては、特定秘密を知って漏洩した時ばかりでなく、実際に漏洩がなかった場合でも、取材に関わった記者や上司が共謀の罪で罰せられる可能性があるんだって。記者やフリーのジャーナリストと言われる人、その道の研究者が自由に取材できないんじゃないの」

「そうだな。それとな、今回の衆議院選挙（２０１４年12月14日実施の第47回総選挙）の折、選挙を取り上げるＴＶ番組が極端に減ったらしい。前回２０１２（平成24）年と比べ約３分の１になっていたそうだ。自民党がＮＨＫと在京民放５社に出演者の選定や街の声の放送など細かな事例を挙げて、公平な報道を求める文書を送ったようだ。ある民放幹部は、形としては間違いなく『圧力』、報道番組に委縮はないが、情報番組は慎重になってしまう部分があるだろう、と言っていた」

「安倍政権ってそんなことしてまで自分達の身を守ろうとしているんだね、どこ見て政治をしているんだろう。国民の代表として国民の為に美しい日本を作るといつも言ってるじゃん。そうだよね、おじいちゃん」

西山事件

「記者が公務員に秘密漏洩をそそのかした罪に問われた唯一の例として、1972年、元毎日新聞記者西山太吉さんという人の事件があった。沖縄返還密約を巡る取材で、機密文書を外務省女性職員に持ち出させたというものらしい。国家公務員法違反容疑で逮捕され、1978年に最高裁で有罪が確定したということだ」

「それは本当だったの？　そんな重要な秘密文書を外務省の一職員が持ち出せるとは思えないね。その時点で秘密文書があったと分かっていたのかなあ」

「有罪になったのだからあったんだろうな。しかし、国民の間では、密約をした政府こそ責められるべきで、取材した記者を罰するのはおかしいとの意見も多々あったようだ。当然だな」

当時の国会で、外務省アメリカ局長の吉野文六さんら政府関係者は「密約はない」と繰り返し答弁し、検察の取調べに対しても同様の供述をしていた。一方で、「密約違反」や「知る権利」を求めるキャンペーン報道が始まった。しかし、有罪が確定してから30年近く経った2006年、吉野文六さんは、「密約」の存在を認めた。結果として「密約」という国の嘘を暴いた西山記者の有罪は確定したまま、嘘をついた外務省元局長や政府関係者はお咎めなしという事実だけが残った。

「政府って国民を騙しても平気なんだね。嘘を言うことが仕事の一部とは、驚きどころか呆れちゃうよ。僕らを守る気なんかないんじゃないの」

「元検事総長の松尾邦弘さんは言っていたな。国家権力は、場合によっては国民はもちろん、司法に対しても積極的に嘘を言う。そういうことが歴史上証明されたのが西山記者の密約事件だって。また、歴史の中であそこまで露骨に事実を虚偽で塗り固めて押し通したものはなかった。国家の秘密を巡ってはこういうことがあるんだ、と検察官、裁判官も事実として認識すべきだとな。様々な場を正直に対処してきた元検事総長としては、心の内が穏やかではなかったのだろうと思う」

西山さんは、山崎豊子の小説『運命の人』のモデルになり、TVドラマ化もされた。

秘密指定

「特定秘密の指定をすると、永久に秘密にするのかな。アメリカなどは何十年後かよく知らないけれど、公開し国立公文書館のようなところで閲覧できるらしいね。日本にも東京に国立公文書館ってあるよね」

「原則は5年だな。大臣らの判断で30年まで延長できる。30年を超える特定秘密は指定解除されてから国立公文書館などに移されるそうだが、内閣が承認すれば、例えば暗号などは60年まで延長できるようだ」

「そうなると、一生のうちで知ることのできない秘密も出てくるよね」

学は、日々の何事もない暮らしの陰で何か恐ろしい企みが一歩一歩進められているのではないか、と不安を感じるのだった。

「おじいちゃん、秘密に関連する情報を漏らして罰則を受けるのは公務員だけなの？」

「国家公務員、地方公務員、警察官などの行政機関の職員のほか、防衛産業など民間企業の従業員も含まれているよ。これらの人達に対して、特定秘密の業務に携わっても大丈夫かと判断する適正評価制度という審査制度があって、各機関のトップが評価するようになっている」

「秘密情報が簡単に漏れたらいかんものなあ、何らかの対策は必要だよね」

適正評価制度による「調査項目」は、犯罪歴、精神疾患、酒癖、借金や家族と同居人の名前、国籍、住所も確認される。広範囲にわたり携わる人の個人情報が集中管理され、明らかにプライバシーの侵害ではないかと言われている。

「この仕事に携わる人の家庭は、ある意味丸裸にされてしまうんだね。これらに関わる情報はすべて特定秘密にされちゃうんだろうか。僕らには何も知らされないのかなあ」

「いちおう独立公文書管理監が不正な秘密指定をチェックするシステムになっているが、省庁に特定秘密を強制的に出させる権限がなく、指定の妥当性を判断できるのか疑問だという人もいる」

現在、秘密指定の適正化を図る目的で独立公文書管理室、両院情報審査会が設置されている。しかし、独立公文書管理監には特定秘密指定をする行政庁からの独立性がない。情報管理審査会は与党出身者が多数を占めており十分な権限行使がされているか疑わしい。従って、特定秘密指定の適正化を図る十分な仕組みが存在しないとも言われている。

「独立公文書管理監室は政府の身内なの？　その役目が終わったら元の仕事に戻るんだよね、そんな人たちが大事なことをチェック出来るんだろうか」

「それだ。これら選抜された人達は秘密指定を行う大臣より立場が弱いだろうな。大臣や副大臣は適正評価を受けなくていい。この両者が適正でないとしたら、適正でない者から指定された秘密は信じられないいじゃないかと思うよ」

適正評価の実施対象となる医療関係者からは、「患者との信頼関係が崩れてしまう」と適正評価への批判が絶えなかった。全国保険医団体連合会は反対集会を開き、半強制的だと訴えた。秘密保護法は精神疾患の調査目的について「自己の行為の是非を判別し、その判別に従って行動できるかを知るため」としている。しかし、日本精神神経学会の理事は「そもそも精神疾患と秘密を漏らすことは因果関係がない」と話した。また、刑事事件で責任能力の有無が争われる場合は精神科医らによる精神鑑定を行うが、適正評価では鑑定は行わない。理事は「鑑定もせず照会のみで行政機関が判断できるものではない」と指摘していた。

教育への影響

「おじいちゃん、今の自民党政権って強引なんだね。国会で野党の質問を受け法案の問題点が沢山分かってきても、安倍首相はほとんど応えようとせず強行採決したし。国会前では反対する人達が集まって夜遅くまで訴えていたのに、安倍首相は、その声を無視どころか嘲笑うかのように、着任したばかりの女性秘書官の歓迎会を焼き肉店でしていたというじゃない」

「学、お前よく新聞読むようになったな。自民党は一強の数の力で押し切った。採決を長引かせると法案への反対が強まるばかりで、内閣支持率が下がるのではないかという思惑もあったようだ」

「法案が成立さえすればいずれ国民は忘れるだろうって思ってるみたいだね。僕らを馬鹿にしてるじゃん。国会議員ってそんなに偉いと思っているのか」

「コラムに、ある教育研究者が情報統制の被害者は子供というタイトルで語っていたな。その人は現在95歳、戦前の治安維持法の時代を生きてきたと記していた」

治安維持法が制定されたのは戦前だが、後に強行採決に至る共謀罪法案の成立過程の中でクローズアップされることになる。

「その教育研究者は、体験からこんなことを言っていた。『社会が戦争に引き込まれていき情報がなくなり、ものを考えることを無意識に停止させられていった。今、そんな時代に近づいているのではと恐れます』と。さらに、この特定秘密保護法案の根本問題は知る権利が奪われることとな」

福太郎が学に語った教育研究者とは、大田堯さんである。大田さんは、知る権利が奪われるという事態がとっくに現実になっているのが学校であると指摘している。１９５０年代、教科書検定が厳しくなり、歴史学者の家永三郎さんが教科書に広島や本土空襲の写真を載せようとして「暗いからダメ」「無謀な戦争という評価は一方的」と不合格にされ裁判を起こした。大田さんも原告側の証言者として30年あまり闘ったが検定はなくせなかった、と述懐していた。

さらに、文部科学省は、検定で「教育基本法の目標などに照らし、重大な欠陥がある」と判断されれば教科書を不合格にすると言い出している。この現実に加え特定秘密保護法ができると、情報が一層統制され教師は萎縮、被害を受けるのは子供ということだ。

そして大田さんは、「政府は『知る権利は守られる』というが、口約束はあてにならない。知る権利は人間が頭で考える権利であり、食事や呼吸と同様に生きるために欠かせない。その権利を危うくする法案を現政府は強行採決をしてまで通す。私たちの社会の民主主義の質が試されている」と締めた。

放送局への圧力

「おじいちゃん、特定秘密保護法を強行採決した頃、安倍政権はＮＨＫ役員を与党単独推薦にして、安倍首相に近い経営委員ばかりが選ばれるようになったんだってね」

「ＮＨＫの経営委員を決める際は、国会の同意が必要となる。今の国会で経営委員の推薦が与党単独になったら、事実上同意のシステムは機能しなくなるな」

ＮＨＫの経営委員は、公共の福祉について公正な判断をすることができ、広い経験と知識を持つ人の中から衆参両議院の同意を得て、総理大臣が任命する。選任については教育、文化、科学、産業などの各分野および全国各地方が公平に代表されることを考慮しなければならない（放送法第三十一条）とされている。

「NHKは国営企業？　それとも半官半民なの？　国営なら受信料は税金を使ってもいいいんじゃないのかな」

「放送法に基づいて設立された日本の公共放送で、特殊法人だが国営放送ではない。しかし、役員だけでなくNHKの予算も国会承認されるので、政治家の意向を忖度して報道される面もあるようだ。経営は我が家も払っている受信料で賄っているよ」

「時々ニュースを見ると、NHK職員の不祥事も多いな。受信料を払いたくない人が沢山いると聞いたことあるけど分かる気がするね」

「我が家のようにTVをあまり見ない家庭も多かろうし、民放しか見ない人達もあるようだ。予算の決定権を握られているだけでなく、放送の中身まで安倍政権の都合のいいように左右されるとしたら問題だな」

「そうだね、民放は広告収入で運営されているから政権寄りでなくてもいいんだ。自由にものが言えて、民放の企画者やアナウンサーの人達は思い切り政権批判ができるな」

「そうでもないようだ。民法の放送局によっては政権寄りな言動を聞く時があるし、全国紙の中には明らかに安倍政権万歳を叫んでいる会社もあるしな」

安倍政権になって放送統制ではないかと受け取れる発言が時々起こっている。2016（平成28）年、高市早苗総務大臣は国会で、放送局が政治的な公平性を欠く放送を繰り返した場合、放送法4条違反を理由に電波法76条に基づいて電波停止を命じる可能性に言及した。

「高市総務相はNHKが過剰演出をしているとして、行政指導の根拠とした、と新聞に記載されていたな」

「NHKがそんなに偏った番組を放送しているかなあ」

高市総務相の言う「政治的公平性を欠く」事例については、「国論を二分する政治課題で、一方の政治的見解を取り上げず、ことさらに他の見解を取り上げて、それを支持する内容を相当時間に渡り繰り返す番組を放送した場合」などと列挙した。

この発言に対しある民放関係者は、「公平性を判断するのが大臣であり政権であるなら、安倍政権による言論統制だ」と批判し、他の民放関係者は「威圧的に脅しているんだろうが、あまり現実性がなく論評に値しない」と評した。ある大学の准教授（メディア論）は「行政が気に入らない番組で言うことを聞かなければ停波にしてしまうのなら、明らかに介入そのもの」と指摘した。他の大学教授（メディア論）も「放送事業者の萎縮を招く危険性がある」と語った。

そして、安倍政権の傲慢さが放送界を揺さぶる事態が起きた。NHK含む各放送局のニュース番組のメインキャスターたちが、主要番組から立て続けに降板したのだ。各放送局とも番組名称及びキャスターを総入れ替えした。新たに番組のキャスターに就任した人達は、あまり目立たない形で政権批判を語っているが、世に訴えるには弱すぎると一般的に見られているようだ。

自民党一党支配の弊害が各方面で浸透してきており、安倍政権が目論んでいるであろう戦争に積極的に参加する意図が、じわりじわりと日本国民ににじり寄ってきていた。

第3章　安倍政権と日本会議

積極的平和主義

学は大学受験の真っ最中だった。とはいえ、世の中の動きは気になるようだ。

「おじいちゃん、最近、安倍首相の口から積極的平和主義という言葉がよく飛び出すね。いかにも僕らの日常を、平和国家日本の下に安心して暮らせるようにしてあげると意気込んでいるみたいだね。とはいえ具体的にはどんなことかわからん」

安倍首相が「美しい国、日本」とか「積極的平和主義」とか一般人が喜びそうな言葉を乱発し、「真摯に丁寧に」説明すると言いながら、国会答弁では質問に対したびたび他の事柄の話題ではぐらかしている姿をニュースで何回か見ていた学は、いぶかしげに言った。

「誰でも平和を求めない人は居ないだろうよ。だけど、何かの目的のために嘘をつくことが、誰にでも日常的にあるのも確かと思うな。その嘘が他人に対して幸を生むことも無きにしも非ずだろう。積極的平和主義か……」

国家安全保障会議（日本版ＮＳＣ）が設置され、その運営方針となる「国家安全保障戦略」の基本理念が「積極的平和主義」とされた。これらは第二次大戦後初めてとなる大戦略として安倍内閣の閣議で決定された。

「勉強の合間にネットを見たり新聞を流し読みしたりしているんだけど、いつだったかなあ。積極的平和主義って何だろうと思って検索してみたら、『平和学』という学問があるらしいんだ。平和学では、単に戦争のない状態が平和と考える『消極的平和』に対して、貧困、抑圧、差別のような全般に通じる暴力のない状態を平和と考えるものが『積極的平和』とされているそうだよ」

「受験勉強は大丈夫なのか、学。政治に関心を持つのはいいと思うが、今は受験の時期だから受かってからでも遅くはないぞ。ボチボチにしておきなさいよ」

「分かってるよ、おじいちゃん、深入りしたくてもまだよく理解できないわ。初めて見たり聞いたりしたことや言葉をネットで検索しているだけだよ」

「わかった、わかった。……先日、図書館で借りた本に安倍首相がよく持ち出す積極的平和主義のことが書いてあった。安倍政権下の議会で『消極的平和主義』『積極的平和主義』の言葉が用いられる場合、どうも平和学でいう『積極的平和』とはその性格が異なるらしいし、紛らわしいようだな」

「積極的平和と積極的平和主義か、文字を見ると同じように思うけれど使い方の内容が違うのかな」

「日本国際フォーラムという集会の場でその理事長・伊藤憲一が披露した『二つの衝撃』と日本』という本の一節に、『消極的平和主義』と『積極的平和主義』が記されていたそうだ。これらの言葉はそれが発祥の元ではないかと書いてあったよ」

２００４年４月、日本国際フォーラム政策委員会は次のように提言した。

「消極的平和主義」とは第二次大戦後の日本の平和主義であり、贖罪を通じ二度と同じ過ちを犯さないと誓うことである。しかし、21世紀の初頭に入り、世界の不正と悲惨を直視し、不安と恐怖を除くために積極的に貢献しようとする「積極的平和主義」でなければならない。日本も憲法九条を改正し、積極的平和主義に転換すべきである。さらに、集団的自衛権を認め安全保障・国際協力基本法を制定する必要がある。

また、２００９年の「積極的平和主義と日本の針路」と題する政策提言では、「国連の集団的安全保障措置には軍事的措置を伴うものも含めて参加せよ」とある。安倍晋三は当時、一国会議員であったが、日本国際フォーラムの参与に名を連ねており、第二次安倍内閣が発足した２０１４年１月の所信表明演説で、積極的平和主義は「我が国が背負い込むべき21世紀の看板」と言い放った。

「20世紀と21世紀で平和を求める姿勢が変わるとは僕には理解できないな。日本は戦争でアジア諸国の人々に結構残酷なことをやってきたんでしょ。その人達に謝る心を持ち続けるのって、当然だよね。また同じようなことをしようとしているのかな」

「戦争に参加すると、戦前と程度の差はあれ似たようなことになりかねないとは言い切れないだろう。げんに、中東やアフリカなど民族間の争いでも酷いことが行われているものな。バルカン半島では1990年代、セルビア、コソボ、ボスニア・ヘルツェゴビナや他民族の間で民族浄化のような争いが実際起こった。今の日本人であれば二度と同じ過ちを起こさない、とは言えないんではないか」

「怖いな、安倍政権は積極的平和主義の名の下に何をしようと企んでいるんだろう」

「安倍首相は、積極的平和主義を作り上げるために憲法に手を付けようとしているんだな。自民党政権下でも、歴代の首相は憲法の解釈を変えるとは言わなかった」

「現憲法によって僕たちは平和な日本で日常生活を送れているんだよね。毎日ひどいニュースもあるけど、いちおう僕らは憲法に守られていると思う。今のままでいいじゃん」

「それでは自分たちの思想というか、頭から離れない戦前回帰の体制を実現できないと思っているんだろう」

「再び戦争をしようとしているのか。戦争で悲惨な体験をした人の中にも、そのような人達がいるのかなあ」

「自民党の中でも戦争体験者は意見が違うらしい。高齢で議員を辞めた人たちの中には、積極的にメディアに出て反対している人もいる。特に憲法九条の解釈変更や改正にはな。戦後生まれだな、武力で日本を守ろうとしているのは」

安倍首相の口から積極的平和主義という言葉がよく出るようになったのは、2015（平成27）年、中東で日本人人質事件があってからのようだ。ジャーナリスト後藤健二さんがイスラム国に拘束されている頃、安倍首相は、積極的平和主義に基づきテロとの戦い、テロリスト集団対策として2億ドルの支援を約束。後藤さんが無残にも殺害される1か月前のことだった。

「実際に殺害される前、オレンジ色のトレーナーを着せられた後藤さんが黒い目出し帽に黒装束の男にナイフを突きつけられている姿をインターネットで流されていると、TVのニュースで見た。後藤さんはどんな気持ちでいるだろうなんて想像するような状況ではなかったね、お気の毒で」

学の脳裏にその映像が焼き付いていた。

「あの発言は確かイスラエルのネタニヤフ首相との対談の席だったな。『テロに屈しない！』高慢な表情で胸をそらしていた。どのような経緯があったにせよ、日本人が人質として捕らえられ、生死をイスラム国に握られている状況の中、なにも世界に向けて、いやあえてテロリストに向けて発信しなくてもいいのに、と思ったよ」

福太郎は安倍首相の発信をTVで見た時、後藤さんの命が危ないと感じた。と同時に、2億ドルの使い道は武力でテロリスト集団に対抗するための援助を意味していると分かった。日本は、直接武力行使できない現状ゆえ、アメリカやテロリスト集団への攻撃を画策している他の組織への付託なのだと。もし、その使い道を人道支援の為に、あるいはテロリストにならざるを得なかった生活環境（貧困）改善への支援だと訴えていれば、後藤さんだけでなくその後殺害されてしまった日本人の命を救うことが出来たのでは、と思うのは自分だけではなかっただろう。後藤さんは中東の子供たちに親しまれていたというが、その子供たちのもとに戻り笑顔を再び届けられたのではないか。人の命を救う術を講ぜず、積極的平和主義がテロとの戦いとでも言うのか、福太郎の心は痛んだ。

「巷では〝外交の安倍〟と持ち上げる人達がいるらしいけれど、あれはないよね。『日本人を殺るなら殺ってみろ、ただではおかんぞ！』、何かの組織みたいだな、嫌になっちゃうわ。ところで、ネットで積極的平和主義を検索したら、ガルトゥング博士という名前がたくさん目についたんだけど、有名な人なんだって」

「そうらしいな。ワシも安倍首相が積極的平和主義をくどいほど多用しなければ、その博士を知ることはなかったかもよ。その博士は『積極的平和』の生みの親で、〝平和学の父〟と言われているらしい。高齢にもかかわらず世界中の大学で平和学を教え、これまでに世界100か所以上の紛争を調停してきた大層立派な人なのだな、学」

積極的平和主義は、ノルウェーの社会学者・数学者であるヨハン・ガルトゥング博士が提唱した「積極的平和」と字面が似ているが、内容上の共通点は少ない。

平和学では「積極的平和」とは有名なコンセプトであり、貧困、抑圧、差別などの「構造的暴力」がない状態のことをいい、決して「テロとの戦い」に勝利して脅威を取り除くことではない。また、他国の戦争に側面あるいは後方から武器をもって積極的に加担（集団的自衛権の行使）することでもないのだ。

「来日の折、ガルトゥング博士はジャーナリストの田原総一朗さんと対談したそうだね。テーマは『安保法制、憲法改正、積極的平和主義、日本はどのように国際的に貢献すべきか』だったと記載されていた」

「来日の目的は、本来の『積極的平和』の概念に基づいた日本への提言をする為だったようだ。田原総一朗さんとの対談の折かどうか分からないけれど、『私が1958年に考え出した積極的平和の盗用で、本来の意味とは真逆だ』と拳を握りしめて言い放ったそうだ」

「ガルトゥング博士の語る英語を邦訳した人が盗用とかなりきつい言葉で記したのかもしれな

いが、間接的にでも見たり聞いたりしたであろう安倍首相の心の内はどうだったろうな。『平和学の父』の言葉として重く受け止めただろうか」

高慢な態度で野党議員に向かい暴言とも言える言葉で挑発する安倍首相の冷ややかな顔を、学はＴＶニュースで時々見ることがあった。ガルトゥング博士を、安倍首相が〝平和学の父〟と尊敬するとは、学にはとても想像できなかった。

「安倍首相がガルトゥング博士の存在を知らなかったとは思わないが、積極的平和主義と高らかにアドバルーンを上げているわな。日本国民を守る、日本領土を守るという建前を強調する一方、現実には『平和』とは逆方向に向かっているという識者もいるようだ」

実際、安倍政権になってから武器輸出三原則（①共産圏、②国連決議で武器禁輸になっている国、③国際紛争の当事国あるいはその恐れのある国に対する武器輸出は輸出貿易管理令で承認しない）が緩和され、日本はオーストラリアへの潜水艦技術供与を決めた。そしてマレーシアやフィリピンへの武器輸出を行うという。また、戦後初めて国際防衛見本市が横浜で開催へと進むことになり（２０１５年５月）、戦争ビジネスの活発化が指摘されているのだ。

日本会議の誕生

「安倍首相ってそんなに戦争をしたいのかな。戦後生まれで戦争の悲惨さを実体験していないが世界各国へよく行くじゃん。欧米ばかりでなく東南アジア、中東、アフリカへ行った時など、送迎の車内から悲惨な状況を見ているだろうに。裕福な家庭のボンボン育ちだから弱者の痛みなんか心に留めないのだろうか、おじいちゃん」

「そのあたりのことは安倍首相の口から発せられるが、首相の一存ではないようだ。実は、安倍内閣閣僚の多く、もちろん安倍首相も所属するある組織がある。その組織は、自分達の理想とする日本の今後を、安倍首相に語らせているようだ。安倍さんはその組織にとって、もってこいの首相らしい」

その組織とは、1997（平成9）年5月30日、右翼組織「日本を守る国民会議」と宗教右翼組織「日本を守る会」とが合流する形で生まれた、日本最大の改憲・翼賛の右翼組織「日本会議」である。また、日本会議が産声を上げる前日5月29日、日本会議を全面的にバックアップする目的で結成されたのが、党派を超えた議員連盟の日本会議国会議員懇談会（「日本会議議連」）である。

この両者が車の両輪となり、その後の安倍政権を動かしていくことになるのだ。

「へえ、結構新しい組織だね。それで右翼って何よ、おじいちゃん」

「一言でいえば保守派だな。旧来の風習・伝統・歴史・文化・社会組織を重んじてそれらを守っていこうという考えかな。広辞苑では『(フランス革命後、議会で議長席から見て右方に座ったことから）保守派。又、国粋主義、ファシズムなどの立場』と解説している。日本会議については、第二次世界大戦で敗戦国となった日本の平和憲法を改憲し、戦前の体制に戻したいという意図のようだわ」

「日本や世界で様々な事件が起きているけれど平和憲法でいいじゃん。なんでまた、再び戦前のような戦争体制に戻ろうなんて考えるわけ？」

学の素直な気持ちだった。

「大多数の日本国民は学と同じ思いだわ。日本の人口1億2700万人強のうち、ほんの一握りの輩が、我々国民が求める平和への思いを無視し、自分たちの思想というか、企みを実現するために蠢いているんだな。ワシの命は短いが、学やこれから生まれてくる子供たちのことを思うと不安が先に立つわ」

福太郎は、日本会議の存在をそれほど以前から知っていたわけではない。安倍が総理大臣になってからの言動を見聞きするうちに、安倍首相の背後に何か巨大な組織があり、その組織によって動かされているのではないかと思っていた。ある時、TVの報道番組で「日本会議」の存在を知ったのだ。

「日本会議って宗教団体が関わっているんだね。一口に宗教と言っても様々なんだろうけど、政治と宗教は別であるべき、と聞いたことがある」

「ワシが若い頃、『生長の家』という宗教団体が世間を騒がせたことがあったな。その時は特に興味がなかったが、週刊誌などは特集記事を組んでいたわ」

日本会議の源流は新興宗教団体、生長の家にある。生長の家は1929年谷口雅春が創立した。大本教系の新興宗教である。谷口は〈物質はない、実相がある〉との神の啓示を受け、教義を確立。1930年神戸で雑誌『生長の家』を創刊。1932年より雑誌のバックナンバーを合本し、聖典『生命の実相』として次々に刊行した。教義には谷口自身の回心《かいしん》体験に基づいて、仏教、神道、キリスト教など諸宗教の教説や近代哲学、精神分析など学説を取り込んだ。

「広辞苑をちょっと開いてみたら、『実相』とは、①実際の有様。真実のすがた、②仏教でいうと、現象界のありのままの真実のすがた。また、『回心』とはキリスト教などで過去の罪の意志や生活を悔い改めて神の正しい信仰心を向けること、と記してあった。学、分かるか？」

「さっぱり分かんない。生長の家を作った人が神の啓示を受けたと言ってるね。そういうことって本当にあるのだろうか？」

「形として目で確認できないからな、どうなんだろう、人それぞれの内面あるいは内心というか、自身のとらえ方じゃないか」

「おじいちゃんはどうよ、無宗教のようだけど」

「学の言う通りだ。あえて宗教に関わらなくても普通に日常を全うすればいいからな。『回心』

とは違うかもしれんが、過去を反省することばかりだけどな。人様に何かをしてあげるなんて思い上がることなく、出来る範囲で手を差し伸べることが出来ればいいと思っているよ。ある意味、それも宗教かもしれんが」

国家神道

「日本会議は生長の家出身の人達が主要メンバーなんだね。宗教団体って沢山あるよね、神社、寺院、キリスト教。そのほか沢山の新興宗教っていうのかな、普通の家に看板が掲げられているのを見ることもあるしさ」

「その中で、お伊勢さんを本宗と敬う神社本庁を頂点とした神道の宗教団体が、いろいろ面倒を見ているようだわ」

「神道って神社のことだよね？　家の近くにある神社もそうなんだろうか」

「神道は、日本の固有の民族的な信仰として伝えられてきた多神教の宗教とされていて、その神を祀るところを言うらしい。お宮ともいって、学が生まれた時もお宮参りをしたよ」

日本会議、生長の家、神道、神社本庁など、学は初めて耳にする言葉ばかりであり、政治とどう関わっているのかさっぱり分からなかった。

「どんな宗教であれ、信仰する人は熱心に取り組めばいいと思うけど、政治に入り込んでいるとしたら、それは問題の気もするけど……」

「ワシは、どちらかと言うと無宗教派だが、学の言う通り人それぞれ一所懸命取り組むのはいいと思う。でもな、歴史に詳しい人の本を読むと、宗教はその時々の社会に多くの影響を及ぼしているようだ」

「例えば、どんなこと？」

「戦争との関わりでいえば、明治維新から第二次世界大戦に負けた年まで、国が神道を管理していたそうだ。神道神社は国に守られ、天皇中心主義や軍国体制を力強く裏で支えていたという。日本中に数限りなくある神社が、氏子ばかりでなく、他の人々をも無謀な戦争へと駆り立てていく動きの一つとなったようだ」

「宗教と戦争か。今、世界各国では同じ宗教なのに考え方が違うといって戦争しているな。当時、神道を信仰していた人達は、他宗教を信じる他国の人を気にいらなかったのかな。まさか戦争をして、他国の人達を神道に変えさせたかったなんてことはないよね」

神社で祝詞《のりと》を上げる神主さんを思い浮かべても、学にはあの人達が戦争に加担していたとはとても想像できなかった。

国家神道は、日本の敗戦により明治維新から80年近い歴史に一応は幕を下ろした。１９４５年12月、ＧＨＱはいわゆる「神道指令」を発し、国家神道・神社神道に対する政府の保証、支援、保全監督並びに交付などは、国民を欺いて侵略戦争に誘導するために意図されたもので、軍国主義や過激な国家主義の宣伝に利用されたとし、それらの廃止を通じて国家と神道の完全分離を目指した。

さらに、1946年元旦、天皇は「人間宣言」と呼ばれる勅書を発した。「天皇を以て現御神とし、且つ日本国民を以て他の民族に優越せる民族にして延て世界を支配すべき運命を有す」というのは、「架空なる観念」と自ら断じたのだ。同年11月3日、信教の自由や政教分離の原則が明確にうたわれた現行憲法が公布され、天皇を求心点として国教化されていた戦前の国家神道は葬り去られた。

「天皇は国民の象徴とされたんだね。敗戦で天皇が変わったのではなく、戦前は神であると崇められていた天皇の立ち位置が、終戦を迎えた途端に変わった。複雑な心境だったろうね」

「そうだな。昭和天皇は、もっと早い時期に戦争を終わらせたかったようだが、当時の政治家が弱かったのだろう。軍司令部をリードできず敗戦濃厚な現況情報が天皇に伝えられていなかったようだ。時の政権の指導者たちがもっとしっかりしていれば、広島、長崎への原爆投下はなかっただろう。さらに、外地で戦死した日本人ばかりではない、アメリカ兵や現地人が死ななくて済んだのだ。自民党国会議員である遺族会会長が言ってたな、一般国民含む約320万人強の戦死者（国内の一般人含む）のうち200万人は死ななくて済んだはずだと。表情に悔しさが滲み出ていたわ」

「おじいちゃんもその会長さんと同じ気持ちだね。でも、その会長さんが所属する現自民党政権が、戦前へ戻る施策を一つひとつ積み重ねて『戦争ができる国』に回帰しようとしている」

国家神道廃止に伴い設立された神社神道の宗教団体「神社本庁」は、全国の神社の大半を組織し、47都道府県にまたがる支部を通じて8万以上に上る神社の活動を統合している。この神社本庁と右派勢力の間では、戦後体制への憤懣と戦前体制への憧憬、回帰願望がくすぶり続けたのだ。

「国家神道ってしつこいね。戦争に加担したのに反省していないのかな。僕らは神社で手を合わせ、みな健康でありますようにってお願いするけど、こんなこと知ったらこれからどうすればいいんだろうね……」

受験は目と鼻の先だ。学は、志望大学に合格できますようにと、普段より多めに賽銭箱に硬貨を投げ入れてきた。

「ワシは近年、初詣は神社に行ってないわ。学が感じたことと同じような思いかな。学に神社へ行くな、とは言わない。まあ、難しく考えるなよ。昔から日本の神様は一つではないだろう。地域によっても対象となる神様が違うし、水であったり、樹木であったり、岩に宿っている神様もあると言われている。学が神社で手を合わす時は、受験の神様がいると思えばいいじゃないか。戦争ができるよう画策する安倍政権を動かす日本会議を補佐するような神様ではなくてな」

「分かったようで分からないが、今は受験第一だからね」

神社本庁

とはいえ、学は一連の流れから目を離すことが出来なかった。

「アメリカの大学教授が神社本庁についての本を出しているらしいね。新聞の日曜日版で本の紹介をしているじゃん、あの記事で概略を読んだことあるわ」

学の言う大学教授とは、ケネス・ルオフ氏（米ポートランド州立大学教授、同日本センター所長）である。2003年に上梓した『国民の天皇――戦後日本の民主主義と天皇制』（共同通信社）の中で、戦後における神社本庁の動向を分析している。

「教授が分析している内容をジャーナリストの青木理さんが記していた。それによると、日本が独立を回復してから十数年の間、神社本庁は明治の政治体制とイデオロギーを復活させる施策を強く支援してきたようだ。一方、現憲法に象徴される戦後体制を拒否しながら政教分離を定めた憲法第二十条の廃止、もしくは別の解釈の確立及び皇室崇敬の強化を目標に掲げてきたと分析しているそうだ」

神社本庁は日本会議の支柱の一つとなっている。また、自らも神道政治連盟（神政連）を結成し、保守政界を支援している。神政連の訴えに呼応し、日本会議を全面的にバックアップする超党派の国会議員で組織された日本会議国会議員懇談会（日本会議議連）のメンバーは安倍政権の中枢を占めている。

日本会議議連は超党派であるが、メンバーの約90％は自民党議員である。安倍晋三は、日本会議議連の二人しかいない特別顧問の一人（もう一人は麻生太郎）である。強大化した右翼議連が、その中心人物を総理・総裁に押し上げた構図が透けて見える。日本会議と同議連は緊密に連携して日本の政治を動かしているのだ。

「神社本庁が作った神道政治連盟にも国会議員が沢山名を連ねているんだって？　日本全国にある神社8万以上を押さえているとすると、お寺でいう檀家の神社の支持者とその家族を含め相当数の選挙権を持つ人がいるね。神政連に所属する議員は選挙を有利に運ぶために入っているのだろうか」

「檀家はお寺、神社は氏子だ。選挙目当ても目的の一つかもしれん。先程の青木さんの本（『日本会議の正体』平凡社新書）によれば、神政連国会議員のメンバーの総数は衆参両院を合わせて304人、衆院223人、参院81人だって。安倍首相も幹部職に就いてきたらしい。第三次安倍改造内閣の閣僚20人のうち、実に17人が神政連国会議員懇談会のメンバーだというじゃないか。政権そのものが神政連と一体化していると言っても過言ではない、とそのジャーナリストは記していたわ」

「選挙目当てが主な目的ならまだいいけど、思想とか考え方が同じ人達が政権のほとんどなんて怖いね。日本は再び戦争するんじゃないの？　マスコミはその辺りのことをもっと日常的に世間に知らしめていかないと、日本国民は再び戦争に巻き込まれてしまう恐れがあるね」

「その通りだ、学。マスコミは、戦争法案とその時は叫ぶけど、通り過ぎた後も継続的に日々の記事の中にもっと折り込んでいけばと思う。識者と言われる人達のコメントが時折掲載されているが、それだけでなく、一般の人が目を止めやすい、かみ砕いた表現で記してくれると、政治を動かす媒体となり得るだろうに。購読者を増やす一つの手段として取り組んでほしいものだ」

　新聞に目を通す習慣や福太郎との会話によって学の政治に関する知識も増えてきたが、基本的にはノンポリの人種に属している。だが、しかし、と学の心は揺れるのだ。

「神政連の具体的な目標というか、何をしようとしているのだろうか」

「これも前出の青木さんが記していたな」

　まとめると、

・世界に誇る皇室と日本の文化伝統を大切にする社会づくりを目指す。
・日本の歴史と国柄を踏まえた誇りの持てる新憲法の制定を目指す。
・日本の為に尊い命を捧げられた靖国の英霊に対する国家儀礼の確立を目指す。
・日本の未来に希望を持てる心豊かな子供たちを育む教育の実現を目指す。
・世界から尊敬される道義国家、世界に貢献できる国家の確立を目指す。

福太郎は、これら一行毎に戦前回帰の野望を感じとっていた。

日本会議の思想と活動

「日本会議はどんな人達が中心なの？　新聞では読んだことないわ」

学は、日本会議に関係のある組織について神社本庁、生長の家、国会議員の一部などについては知ったつもりでいるが、中心になって組織を動かしている具体的な人物についての知識はなかった。

「生長の家出身の右翼活動家らしいな。生長の家学生会全国連絡会（生学連）を作り、特に九州の大学で活動した人物が中心ということだ。長崎大学では椛島有三、安東巌、大分大学では衛藤晟一（現参議院議員、現首相補佐官）などがいる」

1969年5月、全国学生協議会連合「全国学協」の右翼・民族派OBが中心となり、日本青年協議会「日青協」が結成された。現在の日本会議事務総長・日青協会長は椛島有三である。他には伊藤哲夫、松村俊明、百地章（日本大学教授）、宮崎正治などが日本会議の中心人物と言われている。

「そうか、元学生活動家か。どんなふうに組織を広めていったのかな。今のようにネット社会ではなかったんでしょう」

「キャラバンを組んで全国行脚したそうだ。署名活動に力を入れ、集会を開いて一般市民、地方議員、国会議員などを対象に、別々に組織的に動いたそうだ。ビラやチラシを配ったり、一部ネットの利用を取り入れていたということだ」

日本会議は国民運動を進めた結果、日本の政治や社会、教育に重大な影響を及ぼすことになる。元号法制化の達成、政府主催の天皇奉祝行事の実現、高校日本史教科書の発行と継続、女系女性天皇容認の皇室典範改正阻止、国旗国歌法制定、中学教科書の「慰安婦」記述の削除、教育基本法「改正」、選択制夫婦別姓案阻止、外国人地方参政権法案阻止、検定制度改悪と教科書統制強化、道徳の「教科化」実現、例年の8・15靖国神社参拝運動の広がり、領土問題での排外主義の広がりと領土問題における政府見解の教科書への既述の実現、育鵬社教科書の採択などである。

福太郎はある本で読んだことがある。『祖国と青年』という雑誌に、椛島有三の日本国政治史に対する考え方が如実に表現されていたという。その雑誌記事によると椛島は、次のように考えている。

「日本の政治史は天皇が公家、武家、政治家に対し政治を『委任』されてきたのが伝統である。天皇が国民に政治を委任されてきたというのが日本の政治システムであり、西洋とは全く歴史を異にする。天皇が国民に政治を委任されてきたシステムに主権がどちらにあるかとの西洋的二者択一論を無造作に導入すれば、日本の政治システムは解体する。現憲法の国民主権思想はこの一点において否定されなければならない」

現憲法の核心である「国民主権」を否定しているのだ。そんな人物が幹部である組織のバックアップを受け、安倍が首相の座に胡坐をかいて日本政治を手中に収めている。なんと言い表せばいいのか、福太郎は、この記述を読んで心の芯が溶けてしまいそうなやりきれなさを感じたのだった。

学は、多くの一般市民がこのような現政権に潜む暗部をよく知る必要がある、とつくづく思った。

「おじいちゃん、以前、安倍首相が盛んに積極的平和主義をお題目のように言っている中に、現憲法を改憲して自衛隊員に武器を持たせたい、そして海外の紛争地帯へ派遣したいと発言していたよね。日本会議や国会議連メンバーも同じ考えだろうか」

「そうだな、日本会議の運動と安倍政権は同質のようだ。両者がいま力を入れてるのは、憲法を改悪する点だと識者やジャーナリストは指摘している。日本の戦後体制を壊す意図のようだ」

いつまでそんな安倍政権を続かせているのか、と福太郎は苛立った。野党は己の主張ばかりが目立つ。多少は考えが違っても、バラバラにならず、現政権を否とするならば大人の党として統合して欲しい。国民の負託を受けている一方の国会議員組織としての義務ではないか。

野党が同志としてまとまらなければ、国会ではどんな法案も通過してしまい、「戦争できる国」になってしまう。事態がそうなった時、国会議員として責任の一端を取れるのか、とも考えるのだった。

第4章　日本会議がめざすもの

２０１６年の春、学は、関西四大学の一角を占める大学に入学し、キャンパスを歩き回る日々であった。受験勉強から解放された学は、ますます政治への関心の度合いを高め、日々福太郎と意見を交換しあう毎日であった。

「先日ネットで見たんだけどね、昨年の秋日本武道館で『美しい日本の憲法を作る国民の会』という団体が主催する『今こそ憲法改正を！１万人大会』ってのが開かれたんだって。その場に安倍首相は居なかったらしいんだが、大型スクリーンに登場し、『自由民主党総裁の安倍晋三です。……憲法改正に向けて、ともに着実に歩みを進めてまいりましょう』と、会場を埋め尽くした一連の人達に声を張り上げた、と記してあったわ。日本の憲法を作る国民の会というけれど、僕らは入ってないじゃん。ほんの一握りの思惑なのに……」

勝手に吠えるのは構わないが、日本国民のほとんどは現憲法に守られ、支持している。一口に国民と表現すれば、全国民が同意しているようではないか、と学は思う。

「三権のひとつである行政権のトップに立ち、国の最高権力者でもある首相には、厳重な憲法尊重、擁護義務が課せられている。首相として改憲を訴えるのは明らかにこれに反すると指摘する、良識ある憲法学者が多いな」

自民党総裁という立場でのメッセージだったが、これほどあからさまに改憲を目指すと公言し、右派団体に向けてメッセージを送った最高権力者は戦後初めてではないだろうか。安倍首相は、自民党員及び右派組織人だけの代表ではない、日本国の行政を司る長であることに間違いないのだ。バランスを欠いた言動が許されていいものか、と福太郎もこの記事を読んで思った。

学が経済学部を選んだのは、企業のあり方について今までとは違う考え方が必要ではないか、と感じたからだ。企業、特にグローバル企業経営者は、自社の利益だけでなく、社会に貢献するためにはどうしたらよいかを考え、社会貢献が、ひいては自社、自分の利益に還元してくるという自覚を持つべきと思っていた。

小泉政権の時代から始まったという様々な規制緩和や市場経済化を手法とする新自由主義により、グローバル企業（多国籍企業）が世界進出を目指した。雇用制度は「日本型雇用」の正社員を切り捨て、派遣社員でその穴を埋めることでコストカットが進められた。その結果、日本は格差社会に突入することとなった。安倍政権も、小泉政権と経済政策の基本的な考え方には共通するものが多い。

安倍政権の目指す新自由主義改革の柱は、①企業の労働力コストの削減、②大企業の負担軽減のため財政支出削減（社会保障費を削減）し、法人税軽減を補うために消費税を増税する、③非効率とされる中・小産業の淘汰、地場産業や農協などの解体による農業の再編であり、多国籍企業の市場拡大と引き換えに強行された。そして、保守支配の安定期には政策提言をあまり行わなかった財界が、軍事大国化と新自由主義改革を政府に実施させるため、政府に対してグローバルな国家構想を提言するようになった。安倍政権はそれに応え、グローバル企業が世界で行う企業行動の安全を確保するためにも、集団的自衛権を強行採決する必要があったのだ（参照『〈大国〉への執念』渡辺治・岡田知弘・後藤道夫・二宮厚美著、大月書店）。

「まるで日本国民のほんの一握りの者の為に安倍政権が出来たみたいだな。税金泥棒と言っても過言じゃないかも。こんな人たちに投票している人は何とも感じないんだろうか。日本の将来は、ある意味お先真っ暗じゃない」

日本会議によれば、衆参両院国会議員による「改憲賛成署名者」は400人を上回ったという。両院全議員の半数を超えたことになる。

「高市早苗議員がインタビューに答えているね。『第二次世界大戦で亡くなられた方への尊崇の念をもってお参りしてまいりました』と。国会議員になると途端に尊崇の念を抱くのかなと思うわ。それと同じように、現国会議員の過半数以上は当選すると憲法改悪したくなったんだろうか。僕にはまだ選挙権がないけれど、2年後選挙権を手にした時のことを思うと考えちゃうわ」

「学、前にも言った青木理さんが書いた本にな、日本会議事務総長の椛島が『祖国と青年』という雑誌に、憲法改正運動についてちょっとだけ不安を持っているように記してあったようだ」

『祖国と青年』2015年5月号に記載された内容によると、椛島事務総長は、「もし憲法改正案の発議を国会が出来たとしても、仮に国民投票で『ノー』と言われたら安倍総理は進退窮まった状態に追い込まれる。このような憲法改正の機会は戦後70年において初めて起こったことであると思えば、歴史的事件が起きているとの自覚に立たなければならないと思います。与えられたチャンスは一度と定め、与えられたチャンスを確実にする戦いを進めていきたいと思います」と不安を覗かせていたそうだ。

「ふ〜ん、同じことを何度も感じるけれど、心の幅が狭いね。1億2700万人のうち、ほんの一握りの人達の為にそんなに熱い思いをしているなんてね」

「学、ワシはむしろ、チャンスは一般国民にもあるぜ、と椛島からエールを送られていると思ったわ」

「なんで？」

「憲法改正には国民投票が控えているな。昨今の各紙の世論調査によると、改憲反対が賛成を上回っている」

「でも、まだ安心はできないね。国会議員の半数以上が憲法改正に向かっているじゃん。日本会議、神社本庁、議員連盟の勧誘力はすごいみたいだから。口が上手いんだろうな」

「そうだな、インテリを自負している人には理論武装で、いや理屈かな。そう思っていない人達には、調子を合わせながら甘い口説き文句をつぶやいて引き込もうとするだろう。学は一本気だから気を付けろよ」

「僕は大丈夫だよ、少しは知ってきたから。友達にも少しずつ話していこうかな」

「押し付けがましくしてはいけないよ、分かっているだろうけど」

「分かってるよ」

海外メディアの見た日本会議

第二次安倍政権の誕生後、国内メディアの沈黙をよそに、外国メディアは日本会議を次のように分析した。米ＣＮＮは、「極端な右派であり反動的グループ」、豪ＡＢＣＴＶは「極右ロビー団体」、仏ルモンド紙は「強力な超国家主義団体」などと評し、安倍政権との関係については、豪ABCTVは「日本会議が国策を練り上げている」、米CNNは「安倍内閣を牛耳り、歴史観を共有している」。

「欧米メディアってすごいね、外国人なのによく分析しているな。日本のメディアは、日本会議に対して鈍感なのか。そういえば、新聞紙上で日本会議の文字をあまり見たことないわ」

「確かに記載が少ない気がする。ジャーナリストやコメンテーターがTVで日本会議について語る場面が極端に少ないな」

「もっと伝えていけばいいのにね。国民の多くは日本会議の存在すら知らないんじゃないの？」

「日本会議の中枢を生長の家出身者が占め、神社本庁を筆頭とする全国の神社界や右派の新興宗教団体が手厚く支援していて、彼らが目指すものは復古的で戦前回帰的であると、時々ジャーナリストが言ってはいるよ。さらに、戦後体制を徹底して敵視、憎悪すらし、戦後体制を覆そうと意図しているとも。ジャーナリストは、手を尽くして色々な角度から情報を入手し分析しているのだろうよ。ワシにしても、皆そういう人達が記した本とか、報道番組で見たり聞いたりして知識として取り入れていくしかないからな。頑張って欲しいものだ」

「そうだね、身の危険を感じる時もあるかもしれないな。多少のことはものともしない強靭な意思がないと出来ないだろうなあ。尊敬しちゃうな」

2016年5月、G7サミットが三重県の伊勢志摩で開催された。安倍首相はこの機会を利用して各国首脳を伊勢神宮へと誘った。神社本庁が本宗と仰ぐ伊勢神宮にスポットライトが当てられたことは、日本会議と神社本庁にとって悲願ともいうべき出来事であった。

しかし、日本のメディアは、安倍政権と日本会議のつながりを知りながら批判的に捉える報道すらしなかった、とあるジャーナリストは指摘した。福太郎はその時、学が言うように日本のメディアは日本会議に鈍感なのだろうか、と首を捻った。

国旗・国歌法

学は、日本会議と安倍政権の関係を知るにつけ、気になることが出てきた。安倍政権は第一次内閣の頃から、繰り返し教育改革と口が酸っぱくなるほど言い続けている。なぜ教育なんだろう——ある日その疑問を福太郎にぶつけてみると、思ってもみないエピソードが出てきた。

「ワシも後で知ったんだが、1990年代の終わりごろ、当時日本会議議連の中心メンバーだった亀井郁夫参議院議員が日本会議広島県本部メンバーと示し合わせて、国会で広島県の教育をこてんぱにやっつけたそうだ」

「それはどんなことで?」

「日本会議はな、結成後すぐ全国各地の教育委員会に対して式典では日の丸を揚げろ、君が代を歌えと強制するように要請したらしい。しかし、そんなことは自由にすると抵抗する教職員組合への攻撃が始まったのだな。その一例が『広島の教育は教職員組合に不当に支配されている』として、明らかに事実をゆがめた一方的な質問や、証人喚問などを国会の場で行ったんだ」

「僕は、戦前回帰とかは別にして国旗は好きだし、君が代を歌うことに抵抗はないけど、そんなふうに強制されているとは知らなかったわ。自然体でいいじゃん、好きな人は好き、嫌だと思う人はそうしなかったら」

「日本会議系統の右派組織はそうではないんだよ。日本全国を統一したいわけさ。国民を洗脳して戦前のように国民が抵抗なく戦争を受け入れるように仕向けているのかもしれないな」

学は、そんな洗脳集団に選挙区の人達は清き一票を投じているのかと思うと、自分が選挙権を手にした時、投票する人の選択に不安を覚えるのだった。

「この一連の騒動が原因で悲しい事件が起きてしまった。国会での亀井議員の攻撃を受け、文部省は広島県教育委員会に教育長を送り込み、式典での国旗掲揚と国歌斉唱を指導をしたのだな。そんなとき、卒業式の日の丸・君が代実施問題で県教育委員会と教職員組合との板挟みで悩んだ広島県立世羅高校の校長さんが自殺した。おぞましい事件だったよ、学」

この事件を利用して日本会議は「国旗国歌」の法制化を求めるキャンペーンを展開し、日本会議議連は国会で「広島県の偏向教育問題」を取り上げ、「国旗・国歌」の法制化を求める論議を展開した。日本会議と日本会議議連は連携して、当時の小渕首相及び自民党三役と会見して国旗・国歌の法制化を求めた。そして1999年8月9日、「国旗・国歌法」が成立した。

「それって自殺っていっても、明らかに追い込んでいるよね……酷いな」

「連中はその事件後、次のターゲットを求めた。それは、平和憲法のもと50年以上培われてきた教育基本法を戦前の教育に戻すための〝改正〟に取り組んだのだ。教育勅語への回帰が改正の目的だったのかもしれん」

教育勅語は明治天皇の名で国民道徳の根源、国民教育の基本理念を明示した勅語。1948年国会で排除、失効確認が決議された。

「天皇主権の時代に戻そうというわけか。現在の天皇が喜ぶだろうか」

学には、災害被災地で被災者に同じ高さの目線で語りかける両陛下の姿を思い浮かべ、戦前回帰という日本会議と安倍政権の姿勢とそぐわないとしか思えないのだった。

教育基本法改正

日本会議は、「日本教育会議」を設立し、当時の森喜朗政権に教育基本法早期改正を求めた。

その内容は、

・教育基本法は憲法と同じくGHQに押し付けられたものだ
・伝統の尊重と愛国心を育成せよ
・宗教的情操の涵養（徐々に養い育てること）と道徳教育を強化せよ
・国家と地域社会への奉仕
・文明の危機に対処する国際協力をせよ
・教育における行政責任を明確にせよ

など、戦後教育の荒廃は憲法と教育基本法に由来するとして、現憲法と並ぶ戦後体制の象徴としての教育基本法を敵視と憎悪の対象とした。

「小渕首相が急死して森喜朗が首相になった。その時、中央教育審議会（中教審）は『公共』の精神・道徳心や日本の伝統・文化の尊重、郷土や国を愛する心といった内容を教育基本法に盛り込むのが適当とする答申を出したそうだ」

「日本会議の圧力通りになったんだね」

「圧力通りかどうか分からんが、超党派の国会議員およそ400名からなる教育基本法改正促進委員会が出来て、日本会議の主張を後押ししたそうだ。当時の自民党政権には、自身の保身の為もあったのかな。一般国民にとっては闇の中さ」

この動きに乗じた日本会議は、キャラバン隊を地方に派遣し、地方議会での決議や大規模な署名集めなどを行った。意を通じた国会議員は政府や与党を突き上げた。

「日本会議は地方議会、地方自治体の議員も既に牛耳っていたんだな」

「キャラバン隊が出発する直前、当時自民党幹事長だった安倍晋三が全国の県連に『教育基本法の早期改正を求める意見書』採択を促す『幹事長通達』を出していたらしいわ」

　日本会議の教育基本法改正運動の位置づけについて、元最高裁長官で当時日本会議会長だった三好達は、２００５年4月の日本協議会の結成式典で、「憲法改正の為には、それに先立ってどうしても早急にしなければならないことがある。教育基本法の改正こそ憲法改正の前哨戦であり、これを勝ち取らなければならない」と力説した。

「最高裁長官を務めた人が訴えると説得力あるよね。会場にいたメンバーは感激しただろうなあ。でも、最高裁長官を勤めた人が現在の荒廃した教育現場の基を作ることにこんなに尽力したとは、驚きだな」

「先々憲法改正するために、まだ身も心も青い子供の頃から一律指導して方向付けしようとしているのだろう。要するに、戦前教育で『戦争』という言葉に対して何の疑いもなく受け入れさせた、いわゆる洗脳かな」

　憲法改正の前哨戦としての教育基本法改正案は、日本会議のヒーロー的存在となった安倍晋三政権下で、２００６年12月15日参議院で可決成立した。そのメインの一つが第二次安倍政権で推し進められた「道徳の教科化」だった。

戦後、小中学校において「道徳の時間」が新設されたのは1958（昭和33）年、学習指導要領改訂に合わせ導入された。当時の首相は岸信介だった。「道徳の時間」は正式な教科ではなく、教科外の特設時間として設置され、毎週1時間実施されていたわけではなかった。

だが、2018（平成30）年度以降、道徳は国語や算数などと同列に「教科」として扱われることになり、必ず年間35時間（小学1年生は34時間）の授業時間が確保される。教科化された道徳の授業では検定教科書の使用が義務付けられ、子供たちはそれによって「評価」を受けることになる。

第二次安倍政権になると、安倍首相、下村博文文科相、義家弘介文化政務官などが強力に「道徳の教科化」を打ち出した。その動きが始まった時、「それによって画一的な授業が始まり、特定の価値の押し付けや子供たちの自由な意見を否定するという場面が出てくるのではないか」という懸念は、当初から教育関係者の間で指摘されていた。

1961年度から実施の学習指導要領が告示されたのは1958年であり、初めて「教科以外の教育活動」として「道徳の時間」が盛り込まれた。本来であれば道徳も1961年の新指導要領に合わせてスタートするのが自然であると思われるが、当時の岸信介政権（1957年2月〜1960年7月）の強い意向もあって、「教科以外の教育活動」とはいえ学年途中で新しい授業が導入されるのは、学年主義を前提とする学校教育においては破天荒なことであった。

これと同じことが安倍政権でも行われた。安倍政権は２０１４年10月には中央教育委員会に道徳の教科化を答申させ、早くも２０１５年３月には「特別の教科道徳」を加える指導要領改訂を行い、２０１８年４月からの実施に超高速でこぎ着けた。２０２０年度からの全体の改定に２年先立って行ったわけだ。政権の強い力で実現したのも、安倍晋三の祖父である岸信介政権の時と同じである。１９５８年の「道徳の時間」特設も、安倍政権下の「道徳の教科化」も、極めて政治的な思惑に基づいた、あからさまに強引な施策と言えるだろう（参照『危ない道徳教科書』寺脇研著、宝島社）。

靖国神社参拝

「おじいちゃん、靖国神社は誰でも参拝できるの？　いろいろ難しそうだね」

ある日、学は、毎年夏になると新聞やＴＶニュースに必ず出てくる「靖国神社参拝」という言葉について、福太郎に尋ねてみた。これまで見て来た日本会議と安倍政権の姿勢からすると、今後も引き続き問題となりそうな気配を感じたのだ。

「一般人が参拝することは問題にされないが、日本の首相が参拝すると、韓国、中国などアジア諸国が猛反発するな。敗戦後の東京裁判でＡ級戦犯とされた戦中の指導者が祀られているものだから無理もないわ、彼の地はどれだけの被害を被ったかと思えばさ」

「おじいちゃんは行ったの？」

「いいや、行ってない。戦死した多くの戦友たちには、心の内で手を合わせているよ」

靖国神社は、幕末及び明治維新以後の国事に殉じた人々の霊を合祀《ごうし》する。１８６９（明治2）年、東京招魂社として創建。１８７９（明治12）年に現社名に改称された。

「靖国神社についても、日本会議は何か関わっているのかな？」

「１９８０年代半ば、当時の自民党政権の中曽根康弘首相が、内閣総理大臣として靖国神社を公式に参拝したことがある。中国を始めアジア諸国から猛烈な批判が起こり、外交問題化したことがあった。翌年からは中止したっけ。しかし首相参拝の後、日本会議の前身『国民会議』が靖国神社参道に特設テントを建て、首相の靖国参拝を求める集会を始めた、と当時新聞で読んだように思う」

「日本会議となるずっと以前から、活動していたんだな」

「その主張は、大東亜戦争は侵略ではない、日本の安全のためにやむを得ず起こしたというものだ。戦争体験者としては、嘘だろう、と呆れるしかないな」

２００1年小泉純一郎が首相となり、在位5年間、毎年靖国神社に参拝した。次の安倍が第二次政権の2年目に靖国神社に参拝すると、中国、韓国などアジア諸国だけでなく、アメリカ政府からも批判された。

「アメリカは同盟国じゃない？　なんで批判するんだろう。やはり、真珠湾への怒りとか？」

「まあ、それもあるだろうが、中国とは尖閣問題、韓国とは竹島問題と、周辺国との間に外交問題を抱えているのに、あえてアジア諸国の気持ちを逆なでするようなことをしなくてもいいじゃないか。アメリカとしては北朝鮮との核問題、中国とは南シナ海問題を抱えている。余計なことはしてくれるな、アメリカにとっても迷惑至極だということらしい」

「そういうことだったのか。しかし政治家なら周辺国やアメリカの反応は予測しておくべきだよね」

「小泉首相の時、周辺国の批判を避ける意味で、靖国神社とは別の追悼施設を作ろうとしたんだな。要するに分祀だ。戦犯と名指しされた人達の霊を他の追悼施設に移し、靖国神社へはどんな立場の人でも参拝できるようにしようという意図だった。しかし、ここで日本会議が待ったをかけた」

「やはり反対したの」

「日本会議が反対した理由は、英霊は靖国で会おうと言って戦死していったのだから、後の世の者がその靖国を侮蔑することは許されない。わが国の慰霊の中心施設は靖国神社以外にあり得ない、と口に泡を飛ばしたそうだ」

「別に侮蔑しているわけじゃないよね？　追悼施設に分祀すれば、首相であれ、一般人であれ、自由にお参りできるじゃないの。僕はいいと思うけどなあ」

日本会議による「国立追悼施設に反対する国民集会」や国会議員220人の反対署名などに押され、2004年、政府は建設を断念したのだった。

学は、国会議員の多くはどこを見て政治活動をしているんだろう、と憤るとともに、日本会議のやり方や実行力に空恐ろしいものを感じるのであった。

皇位継承

「おじいちゃん、皇室の皇位継承をめぐっても日本会議が茶々を入れたんだって？　何にでも首を突っ込むんだな」

「小泉首相の時だったかな。当時、皇室に皇太子、兄弟以外男子がおらず、女子が多かった。将来の皇位継承を考えて、女性天皇、女系天皇の導入を柱とする皇室典範改正を検討したことがあったわ。皇室典範は、皇位継承・皇族の身分・皇族会議など、皇室に関する事項を規定する法律だ」

小泉首相の私的諮問機関「皇室典範に関する有識者会議」が皇室典範改正を提言すると、日本会議は「皇室の伝統を守る国民の会」を結成し、改正に反対した。時を同じくして、秋篠宮妃殿下のご懐妊が発表され、政府の皇室典範改定の動きは鈍くなった。その後、第一次安倍政権が発足、安倍総理は皇室典範改正の方針を白紙撤回した。

「妃殿下の出産を待たずに撤回したんではなかったかな、男児か女児かも分からないうちに。勝手なことをしたものだ。秋篠宮家に長男が誕生した時は一般国民も喜んだ。だが、皇室典範改正論議は、単に男系がいないという事情だけでなく、時代の要請もあったと思うが、ここで議論は打ち切りになってしまった」

２００９年９月の総選挙で、民主党政権が誕生。２０１２年野田内閣が「女性宮家」創設を柱とした「論点整理」を公表。それに対し日本会議が結成した「皇室の伝統を守る国民の会」は、反対運動を展開した。

そして、同年12月に発足した第二次安倍政権は、またしても「白紙撤回」を表明したのだった。

第5章 「聖戦」と歴史観

「日本会議って、戦後行われてきたことにことごとく反対するんだね。戦後、一般国民が幸せに日常を送っていることがそんなに気に入らないのかなあ、安倍首相を含めてさ」

「いつだったかな、安倍首相が所信表明演説か何かの折、『日本を取り戻す』と叫んでいたわ。日本会議は『私たちの歴史を奪われてしまった。私たちの運動は、失われた自分達の歴史を取り戻すためです』と言ってるな。安倍首相の表明はそこから出ているのさ」

「イデオロギーって、凝り固まると他を顧みなくなってしまう傾向があるって、何かで読んだことがあるよ。一般の人達が投票した国会議員や地方議員の多数が、日本会議の思想みたいなのに洗脳されているんじゃ困ったことだね」

「そうさな。靖国神社の遊就館に戦争に関わる物品が展示されている。日本会議は、それら展示物から言えるのは、太平洋戦争は日本の侵略ではなく、アジアを解放する聖戦だと主張しているらしい」

「聖戦って、イスラム過激派と言われる人達がよく使う言葉だよね。アメリカのブッシュ大統領（息子）がアフガニスタンへ侵攻するときも使ったって最近知ったけど、立場の違う両者が同じ言葉を使っているのも皮肉だね」

「アメリカにおける同時多発テロの後だったな。首謀者とされたオサマ・ビン・ラディンがアフガニスタンを支配しているタリバンに匿われているとして、アフガニスタンを攻撃した」

２００1年9月11日のアメリカにおける同時多発テロの黒幕とされたオサマ・ビン・ラディンは、エルサレムを占領しているイスラエルを軍事的に支えているのはアメリカであり、アメリカとイスラエルを「新十字軍」と同盟国とみなしていたと言われる。オサマ・ビン・ラディンは、１９９８年に「ユダヤ教徒・十字軍に対するイスラム世界戦線」を結成し、アメリカに対するジハード（聖戦）を呼び掛けていた。

十字軍遠征

「僕は日本史で受験したもんだから、世界史は中学で止まってるんだよね。十字軍も名前は知ってるけど」

「11世紀頃から始まる出来事だ。一般的には、キリスト教のトップ、ローマ法王の命に応じ、エルサレム、パレスチナを支配するために起こした軍事行動のことを言うようだ」

「エルサレムの名前はよく聞くよね、イスラエルの首都なの？」

「いいや、首都はテルアビブだ。エルサレムは宗教都市で、ユダヤ教、イスラム教、キリスト教の聖地と言われている。エルサレムはパレスチナの一角の都市だが、ユダヤ教にとってのパレスチナは神から与えられた『約束の地』とされており、モーセの十戒を収める聖櫃が置かれ、ユダヤ人にとっては最も大切な聖地とされている」

エルサレムはキリストが処刑され、埋葬され、復活したとされる場所でもある。キリストの墓とその教会「聖墳墓教会」があり、キリスト教徒にとっては侵すべからざる地である。

一方、イスラム教にとっても、エルサレムはムハンマド（マホメット）が天馬に乗ってメッカから来訪し、昇天した地である。彼がそこから昇天したとされる岩は旧約聖書にも関わりがあり、アブラハムが神への犠牲として、息子のイサクを縛り付けた岩とも言われている。その岩の上に、イスラム教の象徴といえる「黄金のドーム」があり、それと隣接してアル・アクサモスクが設置されている。それゆえ、ここはメッカ、メディナ（両者ともサウジアラビア西部の都市）に次ぐ第三の聖地とされている。

神の命令、神の怒りに呼応して行われたキリスト教徒による十字軍遠征は、西洋の「聖戦」であり、教皇から指令が出された。異教徒に支配されているエルサレムを奪還するための戦いは、凄惨を極めた。それは聖地解放であり、自己の贖罪・贖宥の為でもあった。それが神の御心にかなう以上、殺戮もまた許されると信じたのだ。

一方、イスラムの聖戦（ジハード）は、信仰の為の戦い、自己の内面の悪との戦い、社会的不正、または宗教的な迫害や外敵との戦いなどに対し、武力を持って戦うこと（広辞苑）である。いずれにしても神の為の聖戦なのであろう。また、「右手に剣、左手にコーラン」という言葉は、イスラムの攻撃的な聖戦に対する表現でもある。

イスラムがパレスチナを支配していた時代、為政者は異教徒、特にキリスト教徒やユダヤ教徒から租税を徴収していたが、そのまま生活を許す政策をとった、と伝えられている。迫害よりも平穏な日常を求めたのであろうか。

十字軍は、1096年の第1回から1270年まで、7回派遣された。その間にサラディン（サラーフ・アッディーン。エジプト、アイユーブ朝の建設者。エルサレムを奪還した英雄かつ寛容な君主として、今日もなおイスラム教徒の間に人気がある）によって倒され、パレスチナは再びイスラム教徒の支配下に置かれた。のち、フランス国王（ルイ九世）が二度にわたりパレスチナを目指したが、1270年チュニジアで病死した。パレスチナに向かう十字軍はこのルイ九世の十字軍で終わる。

パレスチナ以外に送られた十字軍もあった。異端の討伐や異教徒の征服だった。例えば、12

世紀半ばに始まる北海・バルト海域の異教徒への十字軍は「北の十字軍」とも言われ、エルサレムへ向かった十字軍とは質を異にした。その地域には昔から異教の異民族が住み続けており、十字軍が行ったのは、防衛でも回復でもなく征服だった。

他にも十字軍と呼称されるものは、13世紀初頭フランス国王フィリップ二世によって送られたアルビ十字軍や、極端な例として、16世紀、イングランドのエリザベス一世がカトリック教徒の元スコットランド女王（メアリー・スチュワート）を処刑したことに対し、ローマ教皇は、スペインの無敵艦隊アルマダを十字軍と見立てて送ったこともあった。

「十字軍と言える事態は沢山あるんだね。僕にとっては、十字軍ってすごくいい響きなんだけど、現実は残酷なこともあったんだ」

エラスムスの主張と憲法９条

「宗教者の中には十字軍を否定する人もいたらしいね」

「宗教改革者、ルターのことか」

１５１７年10月、教皇レオ十世がオスマン朝トルコと戦うために特別の十字軍の贖宥状を発行する直前、城の教会のドアに一枚の抗議文が張り出された。その内容は、当時サンピエトロ大聖堂再建の名目で売り出されていた贖宥状の発行を批判するものだった。一般に「95箇条の提題」と呼ばれる。執筆者はヴィテンベルク大学の若い神学者であるマルティン・ルター（1483〜1546）であった。

「ルターの他にも教皇が対トルコへ十字軍を企画した時、反対した学者がいたらしいね。この人の主張したポイントが、どうも今日、日本の安倍政権右派に置き換えられる部分もありそうなんだ。憲法9条の観点からさ」

「ほう、どこでそんなこと調べたんだ」

「図書館で借りた『十字軍の思想』という本に記してあった部分を切り取って、当てはめてみたのさ」

学が知ったという学者は、偉大な人文学者エラスムス（1466〜1536）である。エラスムスは、トルコ人とは戦うのではなく、むしろキリスト教徒への改宗を勧める方が適当と考えた。エラスムスは、オスマントルコに対する防衛戦は否定しない。しかし、十字軍に積極的には賛同しなかった。トルコと戦う唯一の道は、キリストの教えに従うことだと主張した。トルコに示すべきは、キリスト教徒の徳に他ならない。他人の暴力に対して、暴力をもって応えるのは正しいのか。

もし、イスラム教徒が攻撃するのなら、キリスト教徒がイスラム教徒に対して防衛することを慎むべきではないだろう。しかし、人はその信仰を放棄してはならない。キリスト教の真の価値を示すことこそ重要なのだ、と。

エラスムスは、『対トルコ戦への考察』（１５３０）ではトルコとの戦争は容認しているものの、聖職者が十字軍に関与することを否定している。それは、教皇が主導する十字軍を否定するに等しかった。トルコとの戦争はありうるが、それは世俗的防衛戦争であって十字軍であってはならない。これがエラスムスの基本的立場だった。

学は、エラスムスの基本的立場で語る意味を現在の日本の立ち位置に当てはめてみると、次のように言えるのではと思った。まず、日本においても神社本庁を筆頭に、宗教が政治に関わっている。その中で、日本国憲法９条は戦後から今日に至る過程において、個別的自衛権の存在を認める閣議決定がなされた。しかしそれは、武力行使を積極的に推し進めるというものではない。

「日本は、異国の紛争に暴力で訴えるべきではない。日本は世界で認められ歓迎されたソフト面での関与が唯一の道であり、憲法９条に則って行動すべきである。無理やり憲法９条の解釈改憲をでっちあげ、集団的自衛権を容認して武力行使に道を開くべきではない。近隣諸国を含め紛争に対応する道は、憲法９条の精神に従うべきであり、憲法９条を逸脱してはならないのだ。憲法９条による真の平和を世界に示すことが重要である」

このように考え、一部を除くほとんどの憲法学者や識者が訴え、日本国民の多くが、安倍政

郵 便 は が き

料金受取人払郵便

神田局
承認

5723

差出有効期間
2021年12月
31日まで

101－8791

507

東京都千代田区西神田
2-5-11出版輸送ビル2F

㈱花 伝 社 行

お名前《ふりがな》 お電話
ご住所（〒　　　　　　　　） （送り先）

◎新しい読者をご紹介ください。

お名前《ふりがな》 お電話
ご住所（〒　　　　　　　　） （送り先）

愛読者カード

このたびは小社の本をお買い上げ頂き、ありがとうございます。今後の企画の参考とさせて頂きますのでお手数ですが、ご記入の上お送り下さい。

書 名

本書についてのご感想をお聞かせ下さい。また、今後の出版物についてのご意見などを、お寄せ下さい。

◎購読注文書◎

ご注文日　　年　　月　　日

書　　名	冊　数

代金は本の発送の際、振替用紙を同封いたしますので、それでお支払い下さい。
（2冊以上送料無料）

なおご注文は　FAX　03-3239-8272　または
メール　info@kadensha.net
でも受け付けております。

権が主導する集団的自衛権を否定している。個別的自衛権はありうるが、それはあくまでも日本国が攻撃を受けた場合であり、他国に出かけて武力をもって行動できる集団的自衛権を否定するのが、憲法9条の基本的・根本的な立場である——受け売りではあるが、学は強く思うのだった。

「十字軍の思想」

マルティン・ルターの没後、世界史における最初の市民革命である清教徒革命（1642～1660）が起こった。イギリス国教会の改革を目指し、国教会と敵対したプロテスタント諸教派一般が起こした宗教革命である。彼らは国教会からカトリックの残滓を一掃し、それをピュア（清い）なものにしようとしたことから、ピューリタン（清教徒《せいきょうと》）と呼ばれた。

ピューリタニズムは後に王政復古によって勢いを失うが、その残したものは大きく、その一つが「十字軍の思想」であり、アメリカへと引き継がれていった。

「そうか、それでアメリカではプロテスタントの人が多いのか。アメリカ人口の約50％がプロテスタント、カトリックは約25％らしいね」

「お前、よく知っているな」

「カトリックとプロテスタントの違いは何かなと思い、調べたことがあるんだ。プロテスタントは、神と個人が直接関係をもってやり取りができるという考えで、聖書主義。カトリックは、ローマ法王を頂点とした一大組織で、神父さんが神と個人を仲介してくれると考えるんだって。キリスト教と一括りにはできないんだな」

イギリスの歴史家ポール・ジョンソンは、アメリカ合衆国の誕生と十字軍との関連に言及している。彼は、アメリカ合衆国の国家の成り立ちについて厳しく論評している。それは、入植にあたり、土着の民族から土地を奪い、奴隷化した人々の汗と涙によって自給自足を確保した。そのようなアメリカの重大な過ちとも不正ともいえる国家の誕生は、歴史の審判という天秤にかけ、正義を公平とする旨の社会の建設によって釣り合いを取らなければならない。アメリカ合衆国は、それを行っただろうか、建国時の罪を償っただろうか、と問いかけている。

キリスト教徒のアメリカ大陸への進出は、スペインやポルトガル人が先駆者だった。中南米では、征服者たちによる攻撃的で残忍な殺害、加害、奴隷化が繰り広げられた。この無法ともいえる暴力行為に憤りを覚え、厳しく批判し、神聖ローマ皇帝でありスペイン国王でもあるカール五世に訴えたのが、国際人権思想の先駆者と言われる宣教師バルトロメ・デ・ラス・カサスであった。

スペインは、ヨーロッパの覇権争いに忙殺され、ついに本格的な植民事業に着手できなかった。その間隙を縫って北米に登場したのがフランスの新教徒ユグノーだった。そして、17世紀初頭ケベックを建設した。

イギリスもこの動きに対抗した。ウォーターローリーは、エリザベス女王からアメリカ植民の特許状を獲得し進出。ローリーが確保した地域をヴァージン・クイーンという女王の呼称にちなんで、ヴァージニアと呼ぶ許可を与えられた。

その後、アメリカへの移住に使われたのがメイフラワー号であった。1629年にはマサチューセッツ会社が設立された。本格的な植民事業が展開され、紆余曲折を経て今日のアメリカとなった。

十字軍の思想はアメリカに受け継がれ、大きな力を持った。しかし、ヨーロッパの著名な啓蒙主義者たちは、既にこれを否定していた。そのうちの一人、ヴォルテールは「十字軍への狂気」の存在を指摘した。彼にとって十字軍は、無駄で無意味なものでしかなかった。

また、ディトロは、そもそもエルサレムのキリスト教徒は信仰を妨げられていなかった。だから、エルサレムを占領する必要などなかった。ヨーロッパから戦士が押し寄せ、パレスチナの住民を襲い、のどを切り裂くまでもなかった。エルサレムの一片の岩は「血の一滴」にも値しない、と言った。

ギボンによると、彼以前の哲学者は十字軍という「聖戦」の好ましい影響を賛美してきた。だが、彼はそう考えなかった。「東方世界でその屍を野にさらした何百万人の生命と労務は、彼らの生まれ故郷の改善に一層有用に役立てられたはずであるし、勤労と富の蓄積された資本は定めし海運や通商へと満ち溢れたことであろう」と語った。

「キリスト教徒の中にも十字軍を否定する人達がいたんだな。そういった歴史の叡智に学ばず、満州事変から始まったアジア・太平洋戦争を『聖戦』と偽った上、アジアの民を苦しめるだけでなく、日本人320万人とも言われる死者を出した戦前体制を称賛し、回帰しようとする輩が今の日本に存在するなんて、信じられない……」

「満州事変に始まった戦争時、十字軍の『聖戦』を知っていた日本人は、ほんの一部の学者さんぐらいだったろうよ。ワシは当時、『聖戦』って聞いたことがなかったように思う」

「今日の日本でも『聖戦』の意味を知っている人はほんの一握りの人達だけだろうと思う。一般人は、なんとなく清いイメージを持っているんじゃないかな。だから、それを承知の上で、日本会議など戦前回帰派が『聖戦』という言葉を使って、アジアで行った残虐行為をカムフラージュしようとしているんだよ」

山内進『十字軍の思想』（ちくま新書）では、次のように語られる。

21世紀も5分の1が過ぎようとしている。今後の政治世界においては、18世紀の啓蒙主義が試みたように、宗教的狂信を抑えることが重要である。個人としての信仰を妨げるわけではない。信仰による絶対正義の観念を、政治の世界、公共の世界に持ち込むことを防がなければならないのだ。ヨーロッパもアメリカも、そのような啓蒙主義の精神をこれまで一つの重要な柱としてきた。我々日本人もそれに多くのことを学んできた。これをもう一度強く意識し、将来に生かすことが大切である、と。

学は、日本会議の言う「聖戦」の意味は、戦後の平和を覆し、再び自分たちの世を作ろうとしているのかもしれないと感じた。

日本の戦略戦争、加害の事実を認識し、その反省の上に作られた日本国憲法の理念に基づいた平和や人権、民主主義による社会及び国を目指している。ほとんどの日本国民の共通認識だ、と識者は指摘している。

「何事も自分本位さ。特に偏ったともいえるイデオロギーに凝り固まった連中はな。その組織に支えられた安倍首相が一強と言われ、好き放題やっているのが現状だよな」

福太郎は深くため息をつきながら嘆いた。

「東条・マッカーサー史観」

「おじいちゃん、第一次安倍政権が出来たのは、僕が小学校低学年の頃だったよね」

「そうだな、２００６年だったかな。学、今何歳になった」

「この前19歳になった。僕が生まれたのは１９９７年だから、途中政権交代もあったけど、ずいぶん長く政権の座にいるんだね」

「安倍さんが歴代の総理に比べて何か卓越したものがあるのか、ワシにはさっぱりわからんが。少なくとも日本会議など右派のバックアップが長期政権の要因であることは間違いないな」

「その間、安倍政権はかなり教育に執心しているように見えるんだ。日本会議の『聖戦』の捉え方もそうだけど、教育政策を通じて日本人の歴史観を変えようとしているんじゃないかな」

「何か具体的に気になることがあるのか?」

「東京裁判ってあったでしょ。敗戦によって戦争を指導した人達が裁かれたという。そして『東京裁判史観』って、アジア太平洋戦争において日本は侵略国だったという認識だよね」

「洋の東西を問わず戦場では酷いことが行われているが、日本の軍隊がアジアでしたことは非難されても仕方ないだろう。戦後、日本人の一部は侵略ではなかったと言っているがな」

「『東京裁判史観』を〝自虐史観〟と言ってる人たちだよね」

「そういう連中は自分たちの歴史観を『東条・マッカーサー史観』というらしい」

戦後、東京裁判を主導したGHQの司令官ダグラス・マッカーサーは、朝鮮戦争後、連合国軍最高司令官の地位を解任された。1951年の米上院軍事外交合同委員会におけるマッカーサーの証言について、日本を守る国民会議(日本会議の前身)が執筆した歴史教科書『最新日本史』(明成社刊)は、「日本が戦争に飛び込んでいった動機は、大部分が安全保障の必要に迫られてのことだった」と記載した。しかし、文部科学省の指摘によりこの記述は削除された。

「日本会議は、歴史も自分たちの都合の良いように合わせようとしているのかなあ。何も知らない学生が間違って覚えてしまったら大変だね。僕なんかすぐ信じてしまうから、教科書に記載されていなくてよかったわ」

「東条英機は東京裁判の宣誓供述書で『日本は断じて侵略戦争をしたのではない、自衛戦争をしたのである』、『国家自衛のために起つという事がただ一つ残された途であった』と述べているとし、先のマッカーサー証言と合わせて、『日本の戦争は侵略戦争ではなかった、自衛の為の戦争だった』という考え方を、日本を守る国民会議は『東条・マッカーサー史観』と位置付けているのだな」

「たとえ戦争の原因の一端が自衛であったとしても、死ななくてよかったはずの320万人余の日本人や巻き込まれた国の人々のことを考えていないよね」

学は、自分たちの思想のみを正しいとし、そういった連中に学校教育の教科内容・教科書まで歪められようとしているこの国が今後どのようになっていくのか、肌寒さを感じざるを得なかった。

「日本会議の言う『東条・マッカーサー史観』からすると、朝鮮や台湾に対する植民地支配や満州国の建国や支配は悪いことではなく、評価されるべきことである。さらに、南京大虐殺や日本軍による慰安婦、住民殺害など、アジア諸国の人々に対して行ったとされる加害はすべて、東京裁判などででっち上げられたものであり、事実ではない。立派な日本人がそんな蛮行をするはずがない、と考えているらしい」

「考えるのはだれでも自由だが、押し付けてはいかんよね。まあ呆れちゃう、考えられないわ」

河野・村山談話

「村山さんは総理大臣の時、村山談話といって、日本軍が戦争でアジアに対して行ってきた非道ともいえる行為を認め、謝罪の言葉を表したんだ。戦後50周年の終戦記念日の式典だったよ。その談話は国会決議を経ての声明で、以後の内閣も引き継いできた」

「そんなことがあったの。日本社会党の党首だからできたんだろうか。自民党政権だったら、それはなかったんじゃない」

「そうかもな。でも、村山談話以前に自民党内閣官房長官であった河野洋平さんは、戦中の従軍慰安婦について、旧日本軍の関与や強制的であったことを日本政府が認め、謝罪した談話を表明したよ。韓国の元従軍慰安婦が日本政府に補償を求め、提訴したことに対応したのだな」

「自民党にもそういう人がいたんだね」

村山談話は、河野談話と共に戦後日本が達成した「民主主義・平和主義・国際協調主義」と、安定した経済、社会を踏まえ、日本国が自ら過去の植民地支配と侵略について反省と謝罪を公的に表明したとして国際的にも評価され、以後、自民党の歴代内閣もこれを踏襲してきた。

「しかしな、学。雲行きが怪しくなってきたのは安倍政権になってからだ。安倍さんは、日本が起こした戦前の侵略性を否定する持論の持ち主だ。同様の右派の中には、『従軍慰安婦』や中国での『南京大虐殺』はでっち上げされたもので、なかった、と言う者がいるしな」

「大戦を直接体験していない人や戦後生まれの人達でしょう、訳分からんこと言っているの。思想・信条は自由だが、事実は事実と認めなけりゃいけないよな」

「安倍首相は、閣僚に日本会議議員連盟メンバーを沢山入れたわ。高市早苗議員が自民党政調会長の時、村山談話を否定する発言をしたな」

「あの人か。実体験もないのに勝手な想像で言ってもらっては困るわ。素直で何も知らない人なんか、そうだったのか、と勘違いしてしまうじゃん」

第二次安倍政権となり、閣僚の靖国神社参拝が相次ぎ、首相周辺から歴史認識問題、従軍慰安婦問題などで河野談話を否定する発言が続いた。当時、日本維新の会共同代表であり、安倍首相と憲法観を共有する橋下徹が、戦時の慰安婦・慰安所を肯定する発言をした。さらに、2013年末、安倍首相は突如靖国神社を参拝。日韓、日中関係は完全に冷却状態に陥ってしまった。

「でもな、安倍首相はアメリカの懸念を無視できず、2014年4月、オバマ大統領の来日に先立ち、それまでの姿勢を転換して、村山談話、河野談話の継承を公に表明したわ」

「一応でしょう、表面的なんだよね、恐らく。心の内は、変わらないものな」

安倍首相は、戦後70年の2015年に談話を表明した。安倍談話では、村山談話の表現は使われなかったが、談話発表後の会見の中で、村山談話のお詫びの気持ちを引き継いでいく考えを示した。

第6章　戦争のできる国

日本会議は2001年に「日本女性の会」を立ち上げ、夫婦別姓法案に反対する運動を全国展開してきた。さらに、日本会議の改憲運動を担う組織として「女性が集まる憲法おしゃべりカフェ」を開催している。

「女性に向けた活動もぬかりなくやっているんだね。そんなネーミングだったら、コーヒーにケーキ付きで時間つぶしにおしゃべりできると思って、誘いに乗る人も多いんじゃない。深く考える間もなく洗脳されちゃうんじゃないのかなあ」

「改憲運動は日本会議のお家芸だが、夫婦別姓問題にも首を突っ込んでいるとは知らなかったわ。夫婦別姓を取り入れているのはスウェーデンぐらいだと言ってるらしいが、国連の女性差別撤廃委員会では、以前から日本の夫婦同姓や女性の再婚期間などの民法規定について、差別的だと指摘しているらしい」

夫婦別姓はアジアも含めて、世界の多くの国や地域では広く採用されている。2016年、国連から民法の夫婦同姓規定は差別的なので、速やかに改正するよう勧告された。

「おじいちゃんは夫婦別姓については、どうなの」

「ワシか、日本会議の運動や民法の規定は別として、現状のままでいいかな、と思うよ」

夫婦別姓で戸籍登記される場合、両親のもとに生まれた子供はどうなるのか、と福太郎は心配するのだった。いっぽう学は、日本会議の人達は、新しいことへの変化はすべて悪とでも考えているのかと改めて思った。

「話は変わるけれど、日本会議が目指すのは、『誇りある国づくり』と訴えているんだってね。安倍首相の言う『美しい国、日本』を作るのと同じ意味なのかな」

「国民から誇りある国の自覚を失わせてきた元凶は、現日本国憲法だと主張している。さらに、現行憲法のどこを見ても我が国の誇るべき国柄、歴史、伝統を記述した文言がない。祖国興隆の気概を持たせようとする文言もない、と好き勝手言ったようだ」

「憲法ってそもそも、自国を自画自賛するようなものじゃないよね。それによって国家権力を縛るのが憲法の目的と、中学のとき公民の授業で習ったけど」

「まったくその通りだ。この前読んだ本の中に、元最高裁長官を務めた人で日本会議の元会長であった人の言葉の中に、『日本会議こそが憲法改正を牽引する組織だ』との思いが強くにじみ出ているように感じた、とも記していたな」

「何様なんだろうね。今はそうじゃないとしても、裁きが偏ってはいけない最高裁長官の言うことかな。現職の頃、その人に裁かれた人はどう思うだろうな。ある思想に凝り固まった人だと知ったら」

「現職の時、偏った裁決をしたとは想像できないが、現行憲法に対してそのように指摘したとは驚きだ」

福太郎は鮮やかに思い出した。2015年、戦争経験者として戦後最大の危機感を覚えたあの夏のことを。日本会議が長きにわたって虎視眈々と狙い続け、安倍晋三が政権に返り咲くことで一気に加速した一連の動きのことだ。

集団的自衛権

集団的自衛権の行使を認める閣議決定により、内閣法制局の憲法解釈を無理やり変更して強行採決したのは、学がまだ高校2年生の時だった。

「おじいちゃん、僕が高校生の頃の梅雨時だったと思うけど、集団的自衛権について新聞やTVが盛んに報道していたね。あれなんかにも日本会議が絡んでいたのかなあ」

「報道の表面には出ていなかったが、安倍政権と日本会議は一体だから当然だろう」

「改めて、集団的自衛権行使容認ってどういうこと？　個別的自衛権という言葉も新聞によく出ているよね」

「まず、現憲法の制約で自衛隊は他国との争いで武力を使うことは出来ないんだな。もちろん、日本国土が他国から武力攻撃を受けた場合は、武力を以て守ることまでは制約されていない。そのことを個別的自衛権がある、というのさ。一方、集団的自衛権は、日本が武力攻撃を受けていないにもかかわらず、日本と密接な関係があるという理由で、その他国に加えられた武力攻撃に対し、自衛隊が出かけていき、武力行使をともなう手助けをすることかな」

「自分の国が攻め込まれている事態に対しては、現憲法下でも武力行使が認められてるんだね。確かにそうしないと国が乗っ取られるなんてこともあり得るもんね」

「それは戦後長い時間をかけて憲法9条をどう解釈するかを議論し続けて出た、一定の結論なんだ。だがな、安倍政権は、憲法を変えることが難しいならば、その解釈を変えてしまおうとしたんだ。自衛のための個別自衛権だけでなく、集団的自衛権も現憲法で認められるとする風にな。結果、野党の不甲斐なさも手伝って、与党議員の数の力で憲法の解釈を変えてしまったんだ。それがあの年の出来事だよ」

「与党議員の中には日本会議のメンバーではない議員も沢山居るだろうに、党内では反対意見が出ないのかな。公明党なんか平和の党とか何とか言ってる割に、結局賛成しているね。与党であることだけが目的なのかな。戦争が出来るようになってしまうかもしれないのに、支持母体の創価学会の人達は何とも思わないのだろうか」

「一部の閣僚からは、安倍は強引だという声もあったらしい。当時、首相官邸の高官や自民党幹部の口から洩れ聞こえてきたとして新聞に書いてあったが、憲法9条の解釈を変えるにあたって集団的自衛権がなぜ必要か、なぜ今か、という問い掛けに対して全てが『首相の意向』で退けられ、疑問を差し挟む余地はなかったという」

学も首相の傲慢さについては感じることがあった。

「先日ね、ある自民党議員が、『安倍さんの血統は並ではない』と歩きながらインタビューに答えていた。だからどうなんだと思ったよ。安倍さんって自分でもそう思っているのかな、ちょっと高慢ちきだものな」

安倍首相はこれまで、「外交の安倍」と持ち上げられながら世界を回ってきているが、恐らく悲惨な現場に遭遇することなどなかったのだろう。安全地帯で各国首脳と対談後、高額のお金をばらまく約束をし、政府専用機で帰国すると、意気揚々とタラップを夫人と手をつないで降りてくる。TVニュースでその姿を見ると、この人は日本国民だけでなく、世界の弱者と言われる人々を思いやる心を持ち合わせていないのだと、学は感じる。戦地へ自衛隊員を送り出し、自衛隊員が人を殺し、殺されることについても、自分に降りかかることではない、と冷めた心を持っているのではないかとも。
一国のトップとは、そういう者が成るのか。学は、全てのトップがそうだとは思いたくなかった。

解釈変更

日本国憲法が平和憲法と呼ばれるのは、世界にも類を見ない平和主義の理念を高らかに宣言しているからである。

第九条　日本国民は、正義と秩序を基調とする国際平和を誠実に希求し、国権の発動たる戦争と、武力による威嚇又は武力の行使は、国際紛争を解決する手段としては、永久にこれを放棄する。
2　前項の目的を達するため、陸海空軍その他の戦力は、これを保持しない。国の交戦権は、これを認めない。

「憲法9条は明らかに、他国との問題解決に武力を使ってはダメということを言ってるよね」
憲法9条をめぐる自衛権の解釈は、日本の安全保障環境の変化に伴い変わってきた。

1946（昭和21）年6月、吉田茂首相は「自衛権の発動としての戦争も、また交戦権も放棄したものだ」と帝国憲法改正案が審議される中で主張した。現憲法制定当時、政府は憲法9条が一切の武力を放棄しているとし、「個別的自衛権」も認めない姿勢だった。

1950（昭和25）年6月、朝鮮戦争が起こると、アメリカ軍の主力がそちらに取られ、日本の防衛が手薄となった。それは戦後始まった東西冷戦の脅威にさらされることを意味し、この事態を受けて風向きが変わった。

「以前読んだ本に記してあった。朝鮮戦争真最中の国会で、当時の外務省条約局長が集団的自衛権について答弁したそうだ。それによると、日本は独立国なので個別的自衛権も集団的自衛権も持っている。しかし、憲法9条により軍備は一切持たないことにしてある。だから憲法を堅持する限りは断じて行使してはいけないし、他国が日本に対してこれを要請することもあり得ない、と強調したそうだ」

日本国憲法の交付から5年の月日を経て、原点ともいえる「集団的自衛権」の解釈が確立し、その後長きに渡り固定化されてきた。

1953（昭和28）年7月、朝鮮戦争の休戦協定が調印された。「個別的自衛権」については、朝鮮戦争休戦協定の1年後、1954（昭和29）年7月1日に日本に自衛隊が発足したことを受け、当時の防衛庁長官が「自国に武力攻撃が加えられた場合に、国土を防衛する手段として武力を行使することは憲法に違反しない」とし、その行使を認めた。

「今までの自民党政権の内閣は、憲法上認められるのは自国を守る個別的自衛権のみであると。他国を守るために武力を使う集団的自衛権による武力行使は『自衛のための必要最小限度』の範囲を超えるとしてきたんだな。それを日本会議系統の右派組織にせっつかれているのか、安倍首相が突っ走ったわけだ」

「憲法9条のどこをどう〝解釈〟しても、自国を守ること以上の武力行使が可能という風には読めないけど……」

「これまで日本は、第二次世界大戦による犠牲や反省といった点から、平和国家と世界から位置づけられてきたな。平和憲法の下で『専守防衛』に徹してきた我が国が、あの解釈変更閣議決定で、直接攻撃を受けなくても、他国の戦争に加わることが出来る国になってしまったのだ」

福太郎の脳裏に、自分の身が置かれていた戦時中のことが甦ってきた。当時は今のように一般国民に情報が入らず、統制された中で何のためらいもなく召集に応じて戦地に行った。

現代は情報過多とも言える状況であるが、秘密保護法によって、本当に重要な情報は知らされないままかもしれない。過去と同じようになってしまわないか、暫く、学の顔から視線を離すことが出来なかった。学は本当に大人に近づいてきたなと福太郎は感じた。

「こんな大事なことを『首相の意向』だけで決められるとは……。何か裏技でも使ったのかな」

学の顔を見つめていた福太郎ははっと我に返った。そうだ、次世代を担う学のような若者に、少しでも過去の歴史と現状を伝えていかなければ。

「集団的自衛権が閣議決定される前、政府による武力行使の要件には、『我が国に対する急迫不正の侵害があること』という条件があって、日本は個別的自衛権しか認められないとされてきた。この要件を新しいもの（武力行使の新3要件）にしておいたわけだ」

1. 我が国に対する武力攻撃が発生した場合のみならず、我が国と密接に関係ある他国に対する武力攻撃が発生し、これにより我が国の存立が脅かされ、国民の生命、自由及び幸福追求の権利が根本から覆される明白な危険がある場合に、
2. これを排除し、我が国の存立を全うし、国民を守るために他に適当な手段がないときに、
3. 必要最小限度の実力を行使する

「新要件は『他国に対する武力攻撃』が含まれていて、集団的自衛権を明確に認めた点で全く異なるわ。新聞に書いてあったが、『個別的自衛権を行える理由は、国民の生命などが根底か

ら覆されるという急迫、不正の事態が条件である。その言葉を集団的自衛権が行えるよう認める理由にすり替えた。今回決定の政府見解は、政権にとって都合の良い部分を切り取ったものだ』とさ」

「結論ありき、という感じだね」

「またな、防衛の現場からも決定の内容を疑問視する声があるそうだ。『専守防衛を大きく変える目的やビジョンが見えず、現場の隊員は非常に不安を覚える。集団的自衛権ありきという感じで、言葉遊びにしか見えない』と指摘するPKO出動で指揮官を務めた当時の自衛隊幹部が語っていたそうだ。現役の自衛隊関係者は、『いざ、という時、国民の先頭に立つ覚悟はある。だがそれには国民の支持が必要だ』と言っていたようだ」

「『首相の意向』ではなく、国民の合意がないと動けない、ということだよね」

「当時の世論調査では、回答者の60％以上の人が反対したそうだ」

「当然だよ、国民を甘く見てもらっては困るね」

学は吐き出すように言った。

国連と集団的自衛権

「集団的自衛権ということになると、同盟国とか外国との関係によって大きく左右されることになるよね。そのほかに国連も関係してくるのでは？」

「そうだな。そもそも学、現在の国連＝国際連合がどういう目的で設立された組織か、知っているか？」

「教科書で読んだ記憶はある。その時は『国際連盟』と『国際連合』が出てきて、これは紛らわしいな、間違えないように気を付けなきゃと思ったね」

「そうだな、たしかにややこしい。第一次世界大戦の後に設立されたのが国際連盟で、第二次世界大戦後に設立されたのが国際連合だな」

「思い出したよ、そうだった。設立時期は分かったけれど、設立の目的に違いがあるんだろうか」


1920年に設立された国際連盟の目的は、第一次世界大戦の反省により、国際間の戦争を厳しく制限することだった。国際連盟規約の前文「締約国は戦争に訴えざるの義務を受諾」は、戦争そのものを違法とするのでなく、戦争に訴えないことを義務として約束することにより、戦争が起こらないようにする考え方であった。

「戦争はあるだろうが、あえて戦争はするな、ということか。この規約の中に、集団的自衛権のような記載があるのかな」

「集団的自衛権という概念がこの時代にあったかどうか知らないが、国際というからには、複数の多くの国で合意した規約だから、言葉は違っても何らかの約束事はあっただろうな」

国際連盟の集団安全保障体制は、戦争をしないという義務・約束に反する国家については、他のすべての連盟加盟国に対して戦争に訴えたとみなし、連盟及び連盟加盟国が戦争を含めた対抗手段を取ることが認められた。

「国際連合は、国際連盟と違ったニュアンスで設立されたのだろうか」

「世界から戦争をなくそうという基本的な趣旨は同じだろうが、国際連盟を設立したにもかかわらず第二次世界大戦が起きてしまった。安全保障体制の手直しは当然あっただろう」

国際連合は、1945年サンフランシスコ会議で設立された。第二次世界大戦後の戦後処理を話し合った、1943年モスクワ会議（米・英・ソ・中）、1944年ダンバートン・オークス会議、1945年ヤルタ会議（米・英・ソ）を経た後であった。

国際連合の憲章（国連憲章）の定める集団保障体制は、国連の最大目的が国際の平和と安全の維持であり、これを実現するために「平和に対する脅威の防止及び除去と侵略行為その他の平和の破壊の鎮圧。そのための有効な措置をとる」と定めた。

「やはりニュアンスが違うね、より積極的な感じがする。集団的措置って何だろう」

「国連には安全保障理事会があって、国際間で平和を乱す行為かどうかを判断する権利を持っている。その行為の内容によって、兵力を使わない措置で対応するか、加盟国の同意と参加を条件として軍事行動をとる、ということみたいだ」
「そうすると、その集団的措置が集団的自衛権の基本的な考え方だろうか」
国連憲章ではすべての加盟国に対し、「平時は武力を用いる行動をしてはならない」と定めている。しかし、他国よりの侵略行為あるいはテロ行為を受けた場合、安全保障理事会（安保理）決議が出る前に攻められている間は何もできない。それで国連憲章は加盟国に「個別的自衛権」と「集団的自衛権」を認めた。

「個別的自衛権」とは、他国から攻撃を受けた場合に自国を防衛する権利。「集団的自衛権」とは、同盟国の一つが攻撃され、その敵を放っておいたら自分達の国にも攻撃が及ぶとなった時に、同盟国と協力して武力で阻止する権利である。国際法議論で、国際憲章において初めて出現したものだ。

１９８５年日本政府は、「個別的自衛権」を行使するには以下３つの条件が必要とした。

1. 我が国に対する急迫不正の侵害があること。
2. これを排除するために、他の適当な手段がないこと。
3. 必要最小限度の実力行使にとどまること。

これは日本特有のものではなく、国際法上の世界標準の考えといえる。

2003年時点の日本政府によれば、集団的自衛権とは「自国と密接な関係にある外国が攻撃を受けた場合、自国が直接攻撃されていないにもかかわらず、武力で阻止する権利をいう」と説明している。

「日本は国連に加盟しているよね。すると、国連憲章でいう集団的自衛権を無条件に取り込まなくてはならないんだろうか。加盟の条件として強制的にさ」

「安保理が決めた非軍事的措置といわれる事柄については、加盟国は例外なく受け入れ、実施する必要があるようだ」

「非軍事的措置は、武力を伴うであろう集団的自衛権とは切り離されているんだね」

「一般人が国連憲章の内容なんて知らんわ。しかし日本国内では、国連（安保理）が決めたことは何でも従うのが当然のように、一般国民含め思っている。そこが右派政権の付け目よ」

国連憲章は「各自の憲法上の手続きに従って批准されなければならない」とされる。つまり、加盟国は憲法に違反する協定を安保理と結ぶ義務付けはなされていない。重要なことは、国連憲章が加盟国の憲法を尊重する立場を明確にしていることである。従って、安保理の軍事行動に関わる決定は、日本に何ら義務付けするものではない。

「国連が加盟国の憲法を尊重するのなら、『日本は憲法で戦争しないことになっているので、非軍事的措置でのみ貢献します』といえば済む話じゃない。それを安保理の決議に従わないのは国際社会の責任を果たしていないみたいに言い立てるのはおかしいよ」

「まったくだ、結論ありきで議論を進めてきたことが見え見えだ。安倍政権はアメリカの為に9条の解釈を変えたと言えるのかもしれんな」

「おじいちゃん、そういえば自衛隊の海外派遣については、以前にも議論されたことがあると何かで読んだ。ＰＫＯやＰＫＦといった言葉を聞いたことがあるよ」

「ＰＫＯは国連平和維持活動といって、国連安保理の決定に基づき国連が行う停戦監視や選挙監視、復興援助などが主な任務かな。集団安全保障の基本だ。ＰＫＦはＰＫＯ同様に安保理の決定のもとに行われる軍事的な活動で、国連平和維持軍という。戦争中の国々の引き離しや治安回復、停戦させるための活動を行っているそうだ」

「日本も参加しているんだね」

「国連に加盟しているが、憲法上、自衛隊を海外に派遣できない。そこで、１９９２年、特別措置法であるＰＫＯ協力法を成立させて、自衛隊の海外派遣が行われたんだな。アンゴラでの国際平和協力業務がたしか一番初めだったと思う。その後、カンボジア、中東のヨルダンなど続いている」

　ＰＫＯ、ＰＫＦなど国連的措置において、例えばX国を〝ならず者国家〟のZ国が攻めている時、安保理の決議の下、X国が同盟国と結託してZ国に反撃する場合がある。しかし、国連には軍隊がないので、有志連合が反撃に出る。この有志連合とは、NATO（北大西洋条約機構）などである。他の機構もある。日本はNATOに加盟していない。

「国連の集団安全保障と集団的自衛権とは、同じような感じだね。違うのかなあ」

「そこだな、集団的自衛権は自国の利益の為に行使するだろう。国連の集団安全保障は加盟国が対象なのだが、世界の利益の為とでも言えるかな。日本政府はPKO活動などは清いイメージを抱かせやすいし、国民に耳馴染みもあるので、集団的安全保障と集団的自衛権を混乱させることで、集団的自衛権のタガを外し、解釈改憲で強行採決する。以前、そう指摘する人があったわ。なんと小賢しいことだと」

「それが意図的に行われていたとしたら、かなり悪質だな」

強行採決

学が高校3年の夏であった。安倍政権が国会に提出した安全保障関連法案が衆院本会議で可決された。そして、自衛隊の海外派遣での武力行使に道を開く法案の内容が憲法違反と指摘される中、野党は安倍内閣不信任決議案の提出などで抵抗したが、自民・公明党はこれらを否決し、押し切った。

2015年9月19日午前0時過ぎ法案採決の為の参院本会議が始まった。結果的に、賛成148票、反対90票を以て可決、成立した。

「またもや強行採決だったね」

「強行採決の理由はな、今年の春、安倍首相がアメリカ訪問の際、オバマ大統領に安全保障関連法案の夏までの成立を約束してきたからと言われている。だから、7月の衆院本会議で可決し、参議院本会議でも強行した」

「国会前では反対する人達が頑張っていたね。ぼくはそのうちの一人になれないけど、いろいろな団体が集まっていたよ。偉いなと思う。気持ちだけでも応援するわ」

抗議行動を主催したのは、市民らで作る「戦争をさせない・九条壊すな！総がかり行動実行委員会」、学生団体「SEALDs」や「学者の会」、子育て世代の「ママの会」など、法案反対の為に出来た多くの団体だった。個人として参加した多くの市民の姿も見られた。

「僕らと同世代の人達の団体も参加していたんだ。子育て中のお母さんにとっても、とても深刻な問題だものな」

「ある大学の准教授は新聞に寄稿していたな。『今の政権は、院内（国会）民主主義がデモによる院外（国会外）民主主義に影響を受けないと言わんばかりの姿勢だが、歴代政権の中には国会の内と外の民主主義をどうつなぐか、と向き合ってきた政権もあった』と。安倍政権は終始背を向けたままとも記していた。ワシもそう思う。もちろん、反対されるから全てを訂正することはないが、耳を傾けることは必要だ」

「僕もその記事読んだ。ある自民党ベテラン議員の心の内が載っていたね。『デモの背後でどれだけの人が、自宅で、会社で同じ思いを持っているのか、我々の見方はあまりにも表層的ではなかったか』と。自民党議員の中にも、同じような思いを抱いている人が多数いるんじゃないのかな」

安全保障関連法案とは、武力攻撃事態法改正案に集団的自衛権の行使要件として「存立危機事態」など改正案10本を一括した「平和安全法制整備法」と、自衛隊をいつでも海外に派遣でき、国際社会の平和と安全の名のもとに、戦争している多国籍軍の後方支援が出来るようにした新法「国際平和支援法」である。その内容は、日本が海外で武力行使できる条件を様々に広げていこうというもので、戦後70年続いてきた日本の安全保障政策が大きく変わる法案として、海外のニュースでも大きく取り上げられた。

「随分荒っぽいやり方だな、11もいっぺんに審議するとは。やっぱり、安倍首相がアメリカ議会で夏までに成立させると約束したからだね。この法律って、日本の為ではなくアメリカの為に成立させたみたいだな」

「内閣は、11の法案をいっぺんに取り上げる理由は、一刻も早く戸締り（脅威への対処）するためとかいう方便を使っていたらしいが、学が思う通りかも。法案が成立すると、すぐアメリカやNATO諸国、オーストラリアなど軍事外交上の同盟国が、祝意と歓迎を表明したそうだ」

「日本の幸福と安全を守るためと言うけど、内容を見ると、かえってリスクを高めるんじゃないか、という声もあるみたいだね」

「そう言う識者も多いんじゃないか。中でも武力攻撃事態法が注目されているらしい。この法では自衛隊がどんな時に集団的自衛権を使えるかが定義されている。これまで日本は専守防衛に徹してきたが、安倍政権は憲法の読み方を180度変えてしまったからな」

安保法制では、自衛隊の派遣が可能となる6つの事態を想定している。「武力攻撃発生事態」「武力攻撃切迫事態」「武力攻撃予測事態」「存立危機事態」「重要影響事態」「国際平和共同対処事態」である。すべての事態で武力行使を認めているわけではないが、存立危機事態の定義は抽象的であり、時の政府が勝手に認定し、自衛隊を送り出し、武力行使という事態になりかねない懸念があると指摘される。国会承認については原則事前であるが、緊急時には事後も可能とされている。

「おじいちゃん、後方支援では武器を使えないんだってね。戦争に参加して大丈夫かなあ。もちろん、戦争があってはならないけれど。法律が出来てしまったから、そういう状況になる可能性は大だもの」

「国際平和共同対処事態や重要影響事態が起こった時のことだな。防衛庁長官や自民党副総裁などを務めた山崎拓元衆議員議員が、『後方とは、兵站（戦場の後方にあって、兵器や食料などの管理、補給にあたる業務）であり、正面と後方は一体である。従って、相手は兵站基地である後方支援中の部隊を襲う可能性は高い』と後方支援への反対を表明していたわ」

「戦闘中に安全な場所があるわけないよな。以前、自衛隊をイラクのサマワへ派遣する時、小泉首相が『自衛隊が派遣される地域が非戦闘地域』だなんて、笑顔で国会答弁したらしいね。赤子でもそんないい加減な言動は馬鹿にしたと思うわ」

「同僚の国会議員も笑っていたな、ワシも呆れたもんだわ」

「この前の衆議院選挙では自民党が圧勝したでしょう。あの選挙はアベノミクスかどうか知らないけれど、デフレを抜け出し、景気回復をみんな期待して投票した、という人があったね」

「振り返ってみると、自民党候補者の選挙演説からは、景気回復を訴える声しか頭に残っていないわ。選挙演説や選挙カーでの叫び声からは、安保法制は必ず通過させ、集団的自衛権行使によりこの国を守りますなんて声、聞かなかったなあ」

蓋を開けてみれば、問題山積のまま与野党の審議時間が116時間を超え、「十分審議した」ということで、衆院強行採決となったのだ。

「おじいちゃん、あのパネルなんか胡散臭くなかった？　TVで見たでしょう」

「集団的自衛権について、安倍首相がもっともらしく説明するために記者会見で見せたあのパネルのことか」

「2枚作ってあったよね。1枚目は日本人を乗せた米輸送艦の防護の例だったと思う。乗船者は、赤ちゃんを抱いた母親や年配の女性だったかな」

「そうだ、日本に向かう途中のアメリカ艦船が敵国から攻撃される設定だったな。そのシチュエーションの場合、安倍首相が言うには『日本人が乗っていても、憲法9条は他国で武力行使できる集団的自衛権を認めていないから、現行憲法では我が国の自衛隊の艦船が防衛して日本人を守ることが出来ない』ということだった」

「個別的自衛権は憲法の従来解釈でも認められているんでしょう。日本人を守る意味で行うなら、それでいいじゃん」

「本来、外地で紛争やクーデターなどが起こった場合、民間人は民間の航空機が飛行可能な間に帰国することが日米防衛協力ガイドラインで定められている。大使館員や米軍関係の仕事をしている民間の技術者などが最後に船で脱出するにしても、日本の民間人脱出には日本が責任を持っているので、当然自衛隊の任務になるそうだ。あの説明に驚いたのはアメリカ政府だろうというジャーナリストがいたな。アメリカ政府にしてみれば、何やら知らないところで日本人救出は我々の責任になってしまっているじゃないかと」
「もし、何かの事情で日本人が乗っているにしても、アメリカ艦船が攻撃されたら、アメリカが黙っていないよね。日本近海で米艦船を襲ったら、在日米軍基地から飛んできた米空軍に袋叩きにされるんじゃない。そのシチュエーションの場合、即、日本人救出どころではないと思うがなあ。あのパネル、子供だましのようだね」
「そういう状況は皆無とは言えないかもしれないが、いずれにしても、自衛隊が日本人を守るうえでの正当防衛ならば、学が言う個別的自衛権で対応できるんじゃないか」

個別的自衛権の行使も及ばないケースに対処できるようにするため、日本船舶が海賊多発地域を航行する場合に備えて、日本船舶を守るため武装した民間警備要員を乗せることが認められた日本船舶警備特別措置法が成立した。２０１３年11月30日施行。この法案は海域は限られているが、その時の状況に応じて海域を少し広げれば、自衛隊に頼る必要がないのではないか、という人もある。

日本船舶警備特措法に基づき、民間武装警備員が乗船可能になった海域は、紅海、アデン湾及びアラビア海など海域のうち公海である海域であり、政令で定められている。

ソマリア沖の海賊とは、アデン湾とインド洋のソマリア周辺海域で発生し、国際海運の障害となっている。海賊たちはもともと漁業に従事していた漁民であった者が多い。欧州や日本がソマリアの漁船や漁港の整備に対して援助を行っていた。マグロなどソマリア船漁獲のほとんどは、魚を食べる習慣のないソマリア国内ではなく海外へ輸出され、外貨獲得の手段となっていた。しかし、１９９１年の内戦が要因で魚の輸出が困難となった。さらに、管理されていないソマリア近海に外国船、特に欧州の船団が侵入し魚の乱獲を行ったため、漁民の生活は一層困窮した。

１９９０年代、軍部と欧米の企業が結んだ「沿岸に産業廃棄物の廃棄を認める」という内容の条約に基づき産業廃棄物が投棄された。その中に放射性物質が多量に含まれていたため、魚師を中心とする地域住民数万人が発病。地域住民の生活を支えていた漁業が出来なくなった。この結果、困窮した漁民がやむなく武装して漁場を防衛するようになり、一部が海賊に走りそれが拡大したものとの分析がある。

一方で、高速船、武装程度、訓練状況にみられる海賊の態様は漁民の困窮とかけ離れたものであり、最初から武装集団が海賊を始めたという意見もある。

２００５年頃から海賊に乗り出す組織はあったが、２００７年以降、海賊行為の成功率の高さ、身代金の高さに目を付けた漁民らが組織的に海賊行為を行うようになり、地方軍閥までが海賊行為に参入し、海賊たちから利益を吸収している。

ソマリアの海賊たちには内戦に関わる政治的動機や宗教的動機は見られず、物資押収や殺戮ではなく、人質の属する会社から身代金を取ることが主な目的である。人質に対する暴力や虐待はなく、パスタや肉などの食事を与え、一応生命を保証しており、たばこ、酒など嗜好品も与えている。２００８年4月フランス軍が制圧した海賊のヨットからは、人質に対する虐待や強姦を禁じる「規則書」が発見されている。

２００８年9月25日、ウクライナ貨物船「ファイナ号」が襲撃された。この船には戦車を含む武器が多数積載されており、荷物の行き先がダルフール紛争の続くスーダンであったため、単なる海賊事件ではなく、安全保障上の事態として重大視したアメリカ、ＥＵ、ロシアは対策を強化した。

この流れを受け、日本政府は海上自衛隊のソマリア沖への派遣を検討、２００９年3月13日、ソマリア沖アデン湾における海賊行為対処のための海上警備行動を発令した。翌3月14日、海上自衛隊の護衛艦2隻をソマリアへ向けて出航させた。

２００９年6月19日、海賊行為の処罰及び海賊行為への対処に関する法律（海賊対処法）が成立。ソマリア沖の海賊に対する多国籍部隊とし、第１５１合同任務部隊（ＣＴＦ１５１）に編入させ活動した。

「アフリカ海域まで自衛隊艦船が出かけて行って、個別的自衛権行使とはいかないんだろうな」

「国際貿易による物品や原油の輸送だからどうなんだろう。日本近海ではない云々は別として、戦争関係の事情とは違うし、個別的自衛権の権利行使とは別の次元だから違うんじゃないだろうか」

「もう一枚のパネルは、海外で働いているNGOの職員やPKOで派遣されている他国の軍隊が、同じくPKOで派遣されている自衛隊の近くで攻撃を受けた場合なんかだったね」

「そうだったな。そういう状況になった時、自衛隊がどういう行動が出来るかが問われているという意味だった。要するに、今のままでは自衛隊が助けに行けない、と強調したかったんだろう」

現在の国内法では、憲法9条のもと、PKO協力法参加5原則の5つ目に「武器の使用は、要員（自衛隊員）の生命の防護のために必要な最小限のものに限られること」とされている。従って「駆けつけ警護」は出来ない。

「そうか、そういう場合にも集団的自衛権行使容認をもって、他国を含めたNGO隊員、PKO職員を助けに行けるようにする。いわゆる国際貢献により、日本の評価を高めることが出来るというわけか」

「集団的自衛権の問題だろうか。最近読んだ本によると、安倍首相がパネルで説明した事例は、国内法下の集団的自衛権とは関係ないと記していたな。日本のNGO職員が活動していても、個別的自衛権とは関係ないんだろうか。ワシには分からん。専門の知識人やジャーナリストでないと、なかなか言い切れないだろうよ」

ＰＫＯはそもそも国際平和協力維持活動、つまり国連による措置行動である。国連加盟国である限り、まったく利害関係のないアフリカの小国の国民であっても、危機状況であれば皆で助け合う。脱会する自由もあり、互助組合みたいなもの。国連ＰＫＯへの協力は「集団安全保障」という加盟国としての義務であり、集団安全保障の問題を集団的自衛権の行使容認の理由にすることは適切ではないと指摘され、集団的自衛権と集団的安全保障の混同を狙ったというしたたかさが透けて見える、と巷では囁かれている。

「安倍首相が2枚のパネルを使って、集団的自衛権が行使できないから対処できないと言いながら、まったく集団的自衛権とは関係ないじゃないの。安倍さんは、集団的自衛権の本来の意味分かってないのかなあ」

「まあ、そんなところかな。政府与党が示した他の13事例も、どうも現実感が薄いものだったり、根拠がないものであったりと、集団的自衛権の行使容認をすべき理由になるものが含まれていないなんて読んだことがあるわ。一般国民が各事例を分析して深く知ることがほぼ無理なのを見越して、集団的自衛権を行使する理由をこじつけたんじゃないかな」

「安倍政権及び現与党は、自衛隊員が血を流すことを、そんなにも軽々しく思っているのかな。

まったくどうしようもないなあ」

湾岸戦争

世界的に見た場合、集団的自衛権の行使ともいえる例としては、1979年のソ連によるアフガニスタン侵攻がある。当時のアフガニスタン政権党であった人民民主党は、ソ連の支援を受けていた共産主義政権だった。この政権党に対する反乱がアフガニスタンで頻発したことにより、共産主義政権の維持が怪しくなってきた。その時、アフガニスタン人民民主党を助けるという名目で侵攻したのが、同じ共産主義国のソ連だった。

「他国の内乱を鎮圧する目的で起こした軍事行動だったんだ。鎮圧しないと共産主義政権が倒され、自国にも影響が及ぶと考えたんだね。国と国の争いでなくても集団的自衛権が適用されるのかな」

「かもな。隣国との関係は同じ主義・思想同士の方が貿易など経済面などもやり易いだろう。防衛としては、国境警備を含めた人的移動など双方にとって扱いやすいだろう」

アフガン戦争後、集団的自衛権の運用において象徴的な出来事になったのが、1991年に起きた湾岸戦争だった。国連安保理はイラクのクウェート併合を、イラクによるクウェート侵略と判断。国連憲章成立後初めて、国連主導による国家（イラク）を叩く戦争が、湾岸戦争となった。

「イラクと隣国クウェートは、石油利権や領土問題で争っていたんだ。そんな中、イラクのフセイン大統領がクウェートに軍隊を派遣した。それに対し国連はイラクへの経済制裁を決め、クウェートから無条件で撤退するよう促したが、フセインは無視し侵攻を継続したんだ」

「それでアメリカを中心とした国連の同盟国がイラクを攻撃したんだね」

「この戦争は史上初めて、ＴＶ中継される戦争になった。主に空爆とミサイル攻撃だったが、真っ暗闇の中を閃光を煌めかせる数知れないミサイル群に圧倒させられたわ。これが今日の戦争の実態か、と自分の体験になかった光景に身震いがしたよ。あのミサイル群がどれだけの死者を出すのか想像したら、心が痛んだな」

「この戦争で、日本はものすごい額のお金を出したんでしょう、読んだことがある。高額の出費にもかかわらず、『金だけ出して自衛隊を派遣しない日本』と批判されたんだよね」

「でもな、戦争が終わった後、ペルシャ湾にイラクが置いていった約１２００個もの機雷除去に日本は掃海艇を出し、アメリカと共に全てを処分した。日本政府は、お金だけではと考えたらしい」

「１２００個もの機雷除去なんて言ったら、かなり危険な任務だよね。処理する自衛隊員は、恐怖で完了するまで心中穏やかではなかっただろうな。家族も心配だよね」

「湾岸戦争終了後、クウェートはアメリカのワシントンポスト紙に、クウェート解放に貢献した国の国旗を掲載したが、その中に日本の国旗は見当たらなかったそうだ」

「日本はすごいお金を出したのに、感謝されなかったのか」

「その後、日本の優れた技量で掃海艇が機雷を処分し終わると、クウェートは日本の国旗をあしらった記念切手を発行し、日本への感謝の念を表したと報道されていたわ」

湾岸戦争の際、日本は多国籍軍への支援金として40億ドルを拠出したが、多国籍軍がイラクとの戦闘を決定後、日本政府は追加支援として90億ドルの拠出を決めた。にもかかわらず「汗をかかない」と批判されたと、「湾岸戦争のトラウマ」を主張する人が今も多い。

だが、実は追加支援90億ドル（当時1兆2000億円）のうちクウェートに支払われたのは、ほんの微々たる金額であり、その大半はアメリカの為に支出されたというのだ。

「なんと、クウェートには微々たる金額だったの」

「クウェートなどの石油産油国の首長は大金持ちだから、はした金くらいにしか思わなかったのだろう。それで、ワシントンポスト紙に日本の国旗を掲載しなかったんだな」

2007年8月22日のウェブの記事には、元政府高官の言葉として「あれは外務省のミスだ。戦費の大半を日本が負担したことをクウェートに説明しなかった。人的貢献をしなければ世界的に評価されないのは間違いだ」と記載された（参照『日本人は人を殺しに行くのか』伊勢崎賢治、朝日新書)。

しかし、いくら後年評価されたとはいえ、「金だけ出せばそれでいいのか」という世界の批判は、日本に大きな影響を与えた。

翌1992年、自民党は「湾岸戦争のトラウマ」を殺し文句として頻繁に使い、自衛隊の海外派遣を基本とした国連平和維持活動協力法を成立させた。ここで自衛隊海外派遣の扉が開かれ、その後、国連PKOへの協力という名目で自衛隊海外派遣を行い続けることになる。この流れは、それによって国民の自衛隊アレルギー(軍事アレルギー)を軽減し、自衛隊を機動的に動かせるよう意図したと思われても不思議はない。今日では、自衛隊のPKO派遣に反対する日本国民は見あたらない。

「本当だね、僕らは学校でPKOはどうのこうのと話すことはないもの」

「湾岸戦争のトラウマという言葉は、TV・新聞でもよく耳にしたわ。当時の世論調査によると、70%ほどが自衛隊海外派遣にノーと答えたそうだ。今では、反対というよりも、無事に帰国することを願うという声がほとんどのように思うな。しかし、これからは違うぞ、学。安倍政権は、自衛隊が海外で武力行使が出来るようにしてしまったのだ」

「そうだね、もし海外でアメリカの対テロ戦争に追随した場合、後方支援とはいえテロリスト組織はゲリラ戦を得意とするだろうから、よく知った地形を利用して後方から攻めてくることもありそうだな。すると、日本の自衛隊が反撃することになり、双方に死者が出てしまう。それでは収まらず、世界的ネットワークのあるテロ組織により、日本国内が攻撃の対象になってしまう可能性だってあり得るでしょう」

「ヨーロッパと同じ状況が日本国内で起こる懸念は拭えないな。東南アジアにおいては、宗教対立によるテロが多いように見えるが、ヨーロッパでは国連の安保理決議に基づく攻撃に対する反発が発端かな。ＰＫＯは国連の行動だから、いつそのような事態が起こるか分からない心配は大いにあるんじゃないか」

「おじいちゃん、『ナイラの証言』って知ってる？　湾岸戦争に突入する前の年（１９９０年）、アメリカの人権議員集会の席に、15歳のクウェートの少女が呼ばれて証言したそうなんだ」

「『ナイラの証言』か、あったたな。その少女がクウェートでボランティアをしていた病院で、乱入してきたイラク軍兵士が高価な保育器を奪ったり、生まれたばかりの赤ちゃんを床に投げ捨てたりした惨状を見た、と涙を流して訴えていた」

「あの話、嘘だったたって書いてあったよ……」

「そうなのか！　まぁ、対イラク戦を正当化するための口実作りだったのさ、おそらく」

湾岸戦争終了後、クウェートでメディアの検証が始まると、この証言がねつ造されていたことが判明した。クウェート政府の意を受けたアメリカのヒル・アンド・ノウルトンという広告代理店が、「自由クウェートの為の市民運動」というNGOの反イラク国際世論扇動の為に仕組んだものだった。イラク兵士が保育器を奪ったことも、新生児を死なせた話も確認できなかったばかりか、ナイラには別の本名があった。ナイラは、クウェート駐米大使の娘であることが暴露された。

〝仕掛けられた湾岸戦争〟を発端に、日本の外務省の勘違いが起こり、その後日本は、次々と海外へ自衛隊派遣を積み重ねていくことになったのだ。

イラク戦争

「おじいちゃん、湾岸戦争から10年ほど経った後、アメリカ中心の多国籍軍が、再びイラク攻撃したよね。その攻撃理由も嘘だったっていうじゃん。その戦争の本当の目的は何だったんだろう」

「イラク戦争だな。あれもひどいものだった。一つには、湾岸戦争における停戦条件であったイラクが持つ大量破壊兵器の廃棄義務が果たされていないのでは、との疑い。他は、イラクのサダム・フセイン大統領がアルカイダを支援している疑いがある、というものだった。確か、『イラクの自由作戦』とか言っていたよ」

「自衛隊が派遣されたよね」

「ここでも、憲法上の制約があるので特措法を作り派遣したわけさ」

２００３年7月イラク戦争の時、日本はイラクの復興支援を行うべく、自衛隊派遣を合法化するための法律として「イラク復興支援特別措置法」を成立させた。

「アメリカでのテロの後、日本はアメリカ政府の高官に『Show the flag』って言われたそうだね。旗を見せろ、か」

「自衛隊をインド洋へ派遣する一つの理由付けとでもいうのかな、知日家として知られるアーミテージという人の言葉だ。日本政府はどうも言葉の意味を取り違えて受け取ったようだ。ある意味、脅し的文言として捉えてしまったのかもしれないな」

日本はこの時、「Show the flag」を文字通り「イラクに自衛隊の旗を見せろ」という意味で受け取った。ところが、後にアメリカのベーカー駐日大使が「自衛隊を出すかどうかは日本が決めること」で、アメリカが要請したつもりはなかったとの見解を示した。アーミテージは「旗幟を鮮明にしろ、日本がどっちの味方かはっきりしろ」と言っただけで、「自衛隊をイラクに派遣しろ」と言ったわけではなかった、という意味だった。

ここに、自衛隊を海外に派遣するための口実である「湾岸戦争のトラウマ」に、「Show the flag」という口実が加わったのだった。

「学が本で知ったように、アメリカが戦争の根拠としたイラクが所有しているはずの大量破壊兵器の存在は、ブッシュ政権のねつ造だったことが、アメリカの調査、そしてメディアによって戦後明らかになった。さらに、サダム・フセインがアルカイダを支援していた証拠も見つからなかったそうだ」

「何が目的だったの」

「一説によると、ブッシュ大統領を含め、当時の政権に関わっていた人達は石油関連企業のオーナーやそれらの企業の重役だったりしていたから、石油利権がらみではないかという人もあったようだ。実際のところ、ワシには分らん」

「事実は分からないにしても、そんなねつ造されたことを理由に攻撃されたイラクの人達ばかりでなく、アメリカ軍兵士や参戦した友軍の兵士達はたまらないな。大勢の死者が出たんでしょう」

イラク戦争3年間で死亡したイラクの一般市民は15万人以上と言われる。平穏な生活をしていた一般市民である。

アメリカ同時多発テロで亡くなったのは３０００人強だった。それに対してアフガンとイラクに派遣され亡くなったアメリカ兵は、６０００人とも言われている。また、アメリカと共に参戦した友軍の死亡者も相当数に及んだ。

これほどまでの犠牲者を出した二つの戦争が、アフガニスタン、イラクそしてアメリカをはじめ多国籍軍にもたらしたのは、果たして何だったのか。この戦争が創造してしまったのは、アルカイダにしろ、タリバンにしろ、イラクで勃興した「イスラム国」にしろ、いわば、過激化という現象だった。そして、世界各国から過激派組織の影響を受けた若者の尊い命が失われていくのだった。

「おじいちゃん、イラク戦争の正当性、本当に行うべきだったのか、行うべきでなかったのかについて、アメリカ国内では相当議論があったんだってね。日本ではどうだったのかな、自衛隊を派遣したんでしょう」

「イラクのサマワというところだったな。道路整備など人道的支援だった。日本国内では、アメリカでなされたような議論はなかったんじゃないか。それより、自衛隊に死者が出なかったことの安堵感を共有していたように思う」

イラク戦争について、「自衛隊に死者が出なかったのだから、日本にとって成功だった」という見方がある。しかし、見逃してはならない事実がある。イラク戦争から帰国した自衛隊員の中に、自殺者が多発したのである。

「イラク戦争から帰国後の事実は知らなかったわ……」

「NHKの報道番組で取り上げられていたな。死者数の記憶はないけど驚いたよ。派遣中は相当緊張していたんだろう。生命の危険を肌で感じたことも度々あったんではないか」

ＮＨＫの「クローズアップ現代」は、２０１４年4月16日の放送で次のように報じた。「迫撃砲やロケット弾による宿営地への攻撃は、13回に及びました。また、イラクに派遣された自衛隊員は5年間で延べ1万人、帰国後、隊員のうち28人が自ら命を絶っていたことがわかりました」と。

「そんなに沢山の隊員さんが亡くなっていたの⁉　驚くというより、悲しいね」

「ワシはその時思ったよ。その事実が日本人の戦死と何が違うのかと。当時は小泉政権が特措法を作って自衛隊を派遣したが、これが今後生じるであろう、安倍政権によって強行採決された集団的自衛権の実態だ」

当時、「クローズアップ現代」を担当していた、話す言葉が歯切れよく優秀な女性キャスターの面影が福太郎の脳裏に浮かぶのだった。しかし数年後、そのキャスターを含め、リベラルで〝モノ言う〟キャスターたちが何か圧力でもあったかのように一斉に降板し、番組の内容も変わっていくのだった。

「血の結束」

「図書館に政治家やジャーナリストが出版した本が並んでいるでしょう。この前、安倍晋三著作本が2～3冊目に留まったんだ。そのうちの一冊が『この国を守る決意』という表題だった。

パラパラめくっていたら、恐ろしいことが書いてあったよ」
『この国を守る決意』（扶桑社）は元外交官・評論家の岡崎久彦との共著であり、対談の形をとった本である。その中で安倍は「軍事同盟というのは血の同盟であって、日本人も血を流さなければアメリカと対等な関係にはなれない」と述べている。この「血」は当然自分の血ではなく他人の血、つまり自衛隊員の「血」を指しているのだ。もしかして、その先――徴兵制による一般国民の血も計算されているのかもしれない。

安倍は岡崎との対談の中で、「祖父、岸信介は首相の時1960年、日米安保を改定してアメリカの日本防衛義務というものを入れることによって、日米安保を双務的なものにした。自分の時代には新たな責任があって、それは日米同盟を双務性にしていくことだ」と語っていた。

ここでいう双務性とは、つまり、日本はアメリカに武力で協力していないから片務的である、兵を出してアメリカと共に武力で戦わなくてはいかん、ということであろう。

「それで集団的自衛権を強行採決して、自衛隊員に『血』を流すことを求めたのか。自民党国会議員も自分の『血』を流すことはないと、高を括っているんだね」

ところが、アメリカとNATO加盟国との関係は、「血の絆」みたいなウェットで曖昧なものではなく、共通の「脅威の認識」があり、脅威への対処の「方策」が一致している。それは、地上戦はリスクが大きいから今回は空爆にしようかとか、直接的武力行使は外交的政治リスクが大きいから今回は紛争国内部の一勢力に軍事的支援にとどめようなどといった現実的な認識と判断である。少なくともこの二つの条件が成立しない限り、NATOといえども戦闘には参加しないという見方が一般的のようだ。

「そうか、それでイラク戦争に、ドイツ、フランスは参戦しなかったんだ」

「湾岸戦争やアフガン戦争にドイツ、フランスは多国籍軍として参戦したのに、なぜイラク戦に参戦しないのかと思っていたよ。NATOの内部分裂でもあったのかと思っていたが、考え方がはっきりしていたんだな」

「アメリカとNATO加盟国の同盟は、実利的かつドライなもので、補完的なものであるとも書いてあった。アメリカと日本とは随分違うんだ」

「北欧にノルウェーという国があるだろ。ノルウェーは平和外交を目指していると世界中で認知されている。ロシアと国境を接しているので、不安な時代があったんだろうな。自国の外交手段というか、大国の紛争に飲み込まれないための国防の力として、平和外交を目指したそうだ。イスラエル・パレスチナ紛争は知っているか、学」

「TVや新聞のニュースでよく見るから知っているよ」

「両国は領土問題で度々争いが起こり、双方ともに多数の死者が出ている。兵士であったり、市民であったりと。1993年、ノルウェーの首都オスロでイスラエルとパレスチナの和平を求める会議があったんだ」

「お互いにもう死傷者を出さないようにしようということだね」

「そうさ、その時のイスラエルの首相は確かラビン、パレスチナはアラファトPLO議長だった。アメリカのクリントン大統領が間に入っていた。世界中の人が期待したな。これで、イスラエル・パレスチナ紛争が収まっていくのではと」

「両国の平和を願って、ノルウェーが会談の場所を提供したんだね、立派だな」

「ドイツもな、戦闘には参加するが、戦後の後処理では他国がやらない重要な役目を果たしてきたそうだ」

「ナチスの時代もあったのに、第二次大戦後は違う国に生まれ変わったんだね」

「アメリカ同時多発テロの後、アメリカとNATO同盟国がアフガニスタンのタリバン政権を倒しただろう。その後、アフガンにタリバンに代わる暫定政権を作ったんだ。その時、会議のホスト役に名乗りを上げたのがドイツだった。『ボン合意』と言われていたな」

ドイツは他にもアフガン新警察創設の責任を負ったりと、兵を出しながらも「NATOの中では比較的相手の言い分を聞く」という相手国側からのイメージを生かし、アフガンの内政に深くかかわり、見事アメリカを補完してきたのだった。

ノルウェーもドイツも兵は出しているが、出兵の動機は共通の〝脅威〟があるからであり、方策が一致した時のみ、対テロ戦という戦争計画の内部に深く関わるといった主体性を発揮する。それは「血の結束」というような情緒的なものでは決してなく、両国ともアメリカが出来ないことで貢献してきたのだ。

「武器を持たない集団的自衛権」

「日本って中東からどのように思われているんだろうね。アメリカの戦争に加担するとんでもない国、という見方をされているのかな」

「いいや、日本は中東諸国からは、ある意味尊敬されているな。それは、資金援助や物資援助に対してだけではないようだ。一つにはアフガン戦争の後だった。アフガニスタンは多くの部族で成り立っている。タリバン後、暫定政権がスムーズに国事を行えるように、戦後もその部族たちが保有する武器を手放させる必要があった」

「部族間で再び争いごとが起こることを心配したんだ」

「そうだ、戦後の武装解除に日本が貢献したのさ。アメリカが手を焼いて何もできずにいた軍閥の争いに、日本が非武装で入り込んで行き、停戦させ、ゆっくりながら重火器の引き離しを実現したっていうじゃないか」

「あの人でしょう、『日本人は人を殺しに行くのか』（朝日新書）って本を書いた人」

「伊勢崎賢治さんだな、『新国防論』（毎日新聞社）も書いている。今は東京外大の教授をしているが、インドネシアの東ティモールやアフガニスタンで武装解除に先頭に立って働いたそうだ」

「僕も概略読んだけど、すごい人だね。印象に残っている一言があるわ。『武器を持たない集団的自衛権の行使が日本の取るべき道』と」

「世界の紛争地帯を歩いてきたから、日本が受けている世界の評価が分かっているんだろう。安倍政権が武力を伴う集団的自衛権を閣議決定してしまったから、せめて、武器を伴わない集団的自衛権という言葉に置き換えたんだろうなあ」

「危険を顧みず行動している。このような人達の行為を無にしてはいけないよね」

「そうだ。日本の一般人は見るべきところをしっかり見ていかないとな」

「本当だよ、武力でなくてもできるという証明だね」

「ところで学、『ジャパンコイン』って言葉を知っているか？」

「ああ、言葉だけは聞いたことがある。お金のことじゃないよね」

「アフガニスタンの反対勢力に対するアメリカ主導の掃討作戦が終了するに先立って、アメリカやＮＡＴＯでいろいろ議論された対テロ作戦マニュアルのことだ」

２０１６年、アメリカで「ＣＯＩＮ」（Counter Insurgency）という対テロ戦マニュアルがまとめられた。そのヒントになったのは、コイン制定前、アフガニスタンのアメリカ軍関係者間でよく言われた「アフガンの成功をイラクへ」だったそうである。この「アフガンの成功」とは、日本による武装解除だったと言われている。

アメリカ軍の関係者は「日本は美しく誤解されている」と言う。金だけではない、という意味だろうか。アフガンの軍閥は、冷戦時代から大国のエゴに左右されてきた。アメリカを基本的に信用していない。しかし、日本はアメリカから独立しているものと思われているふしがある。それは大きな誤解であるが、「日本に言われちゃしょうがない」、軍閥やその配下の司令官達は日本チームが武装解除に行った先々で例外なくこう言い、武装解除に従ったそうだ。

「イラク戦争の時も何かあったの？」

「自衛隊がサマワで活動していたときは、基地にロケット弾が着弾しながらも、銃撃戦での被害者は出なくて済んだったな」

「そのようだったね。偶然とも思えないほど奇跡的だったんだ」

「それも一理あるだろうが、当時、地元のイスラム教指導者が『日本の自衛隊を攻撃することは反イスラムである』という御触れを出したそうだ。アフガニスタンにおける武装解除といい、日本はイスラム諸国において、それほどまでに良いイメージを持たれ、信頼されていたんだな」

「そうだったのか、イスラム諸国と仲良くしなくちゃね。そんなに信頼されている国々に、アメリカに従属する形で集団的自衛権の名のもとに参戦したら、現地の人達の信頼を失ってしまうんじゃないの」

「大事なところだ。イスラエルの首相に安倍首相はTVカメラの前で言ったろ、『テロには不屈の精神で立ち向かう。テロ対策として、日本は2億ドルを準備している』と。その時、日本人ジャーナリストがイスラム国に拘束されており、その後無残にも殺害されてしまった。安倍首相の発言が全てとは言えないが、その影響がもろに出てしまったとも言える」

「一度失った信頼を取り戻すのは大変だろうな。これからどうなるんだろう、日本国内は。東京オリンピック・パラリンピックは間近だしさ」

学は、安倍政権が武力を伴う集団的自衛権行使によって、今後、日本国内で起こるかもしれないテロという人災の可能性に不安を覚えるのだった。

集団的自衛権と自衛隊員

学は近い将来自分の身に降りかかるであろう事態を既に体で感じていたが、頭の芯はまだその予兆を捉えていなかった。政府が海外の紛争地へ自衛隊を派遣しだした頃から、自衛隊応募の若者が減少してきた。

「おじいちゃん、ネットで見たんだけど、自衛隊員になる人は、自衛官候補生か一般曹候補生のどちらかを選択し試験を受けるんだってね」

「そうか、知らなかったわ。一般的には自衛隊員と呼ばれているからな。何か違いでもあるのか」

「任期が違うと記してあった。自衛官候補生は短期間で退職する人達で、一般曹候補生は任期満了という考え方はなく、定年退職まで働くつもりで受験するらしいわ」

「自衛官候補生は、若く体力がある間勤めるつもりで自衛隊員になる人達だな。高校卒業後、自衛隊に行って何か資格を取り、その資格を一般企業に就職して生かす人が多いと聞いたことがある」

「そのようだね。勤めている間に資格を取るための教育期間もあり、短期間らしいけどその間は自衛隊員としての任務はせず、給料も支給されるんだって」

「必要性はあるだろう。学校卒業入隊後、数年厳しい訓練や災害時における重労働を数年務めさせ、ハイ、サヨナラご苦労様でしたと退官させるわけにはいかんわ。その若者の行く末も考えてやらないとな。戦前のように、お国の為だけとはいかんよ」

「その通りだね。海外の紛争地帯へ送られることが増えてきたし、まして、武器使用が拡大されようとしているものなあ。応募するつもりでいた人も、ちょっとためらってしまったのかも」

第二次安倍政権が発足した２０１２年以降、自衛官候補生及び一般曹候補生への応募者が年々減少している。２０１５年度の7月19日時点での自衛官応募者は、男子２万４６５２人、女子３４８５人。２０１２年と比較すると、男子５０８８人、女子８１３人が減少している。一方、一般曹候補生は、２０１５年度の応募者は2万５０９２人。２０１２年度は3万４１２３人と９０３１人少なく、両候補生の応募者数が大幅に減少している（２０１６年7月25日付「しんぶん赤旗」）。

「自衛隊に入って資格を取りたいと思う人が減ったのは、生まれる子供の数が減っているのが原因だろうか」

「安倍政権が言うアベノミクスかなんか知らないが、政策の成果で雇用が拡大し企業に就職する若者が増えたという人もあるな。学が言ったように、海外派遣が増え、集団的自衛権の名の下に容認された武力行使が影響しているという意見もあるわ。学が自衛隊や防衛大学へ進学したいと言ったら、ワシは、反対どころか止めるな。もちろん、災害地での自衛隊員の活躍に対し、尊敬する気持ちは別にしてさ」

福太郎の心の内では、学が自衛隊に入隊しなくても、選択した職業によっては同じ環境に置かれるようになるのが、そんなに遠い先ではないような気がした。しかし、学にそのことは話さなかった。福太郎の脳裏に一瞬、昔「赤紙」を手にした時の情景が甦ったのだ。

防衛省によると、自衛官、一般曹候補生ばかりでなく、幹部を養成する防衛大学卒業生が自衛官以外の道を選択する「任官拒否率」が上がっているという。防衛省はこの背景に少子高齢化やアベノミクスによる雇用改善を理由にあげているが、安倍政権の下で閣議決定した集団的自衛権の行使容認や自衛隊の海外任務を大幅拡大する安保法制の強行採決を見逃すわけはにいかない。息子が防衛大学へ通う母親から「このまま息子が自衛隊に入隊してもいいのか心配。防衛大内でも不安に思う人が多いようだ」と、労働弁護団へ相談者が増えているそうだ。

「自衛隊へ入隊する人が減ってしまうと、自然災害などの救助や復旧に支障をきたしてしまうじゃん。あの人達の出動がないと無理だよね。安倍政権って、本当に国民の代表なの」

自衛隊の隊員不足は深刻化し、募集年齢枠の拡大が図られるようになる。現行18～26歳までの採用年齢を上限を30歳程度とすることが検討されたのは、２０１８～２０１９年にかけてであった。

一方で防衛省は、２０１９年度から即応予備自衛官の任用対象を、一般公募出身の予備自衛官に拡大させることにした。即応自衛官制度は、緊急時の自衛官不足を補う目的で１９９７年度に創設。任期は3年で延長もできる。２０１１年東日本大震災以来、災害時の役割に大いに貢献できている。しかし、予備自衛官が後方支援や警備を行うのに対し、即応予備自衛官は自衛官と同様に第一線で任務に就く。年間30日間の訓練には射撃や格闘などが含まれ、予備自衛官より厳しい。

即応予備自衛官は元自衛官から任用される場合と、一般公募から予備自衛官を経て即応予備自衛官へ任用される形態をとっているが、2019年度から不足人数を補うために、一般公募から直に即応予備自衛官へ任用する方針が取られることになった。集団的自衛権が容認されてから、元自衛官、一般公募からの予備自衛官を含め、即応予備自衛官の成り手はずいぶん減った。そこで、一般公募の形をとり、定員を充足させようとしたのだ。だが、自衛隊幹部は「経験の浅い公募出身者が現役自衛官と同様の任務をこなせるか不安だ」と言う。

これが、少子高齢化及びアベノミクスによる雇用改善による応募者減少と理由付けする安倍政権、防衛省の言い訳の実態なのだ。

2019年2月11日、安倍首相は自民党大会の演説で、自衛隊の憲法明記に言及した際、「新規自衛隊員募集に対して都道府県の6割以上が協力を拒否しているという実態がある」と語り、「憲法にしっかりと自衛隊を明記して、違憲論争に終止符を打とうではありませんか」と呼び掛けた。自衛官募集の対象は、都道府県ではなく市区町村である。後日、安倍首相は国会で発言を訂正した。

防衛省人材育成課によると、対象者（18歳と22歳）の住所、氏名、生年月日、性別について、名簿の提出を市区町村に要請している。根拠は自衛隊法と同法施行令とするが、施行令は自衛官募集の際、市区町村に「必要な報告または資料の提出を求めることが出来る」とだけ定めている。

２０１７年度の実態は、全１７４１市区町村のうち36％が名簿を提出。53％と最多だったのは住民基本台帳を閲覧させた９３１自治体。残る10％の１７８自治体には、人口が少ない、断られる可能性が高いなどの理由で、そもそも要請をしなかったという。つまり、実際には90％の自治体が何らかの形で情報を提供し、残る10％の自治体は拒否したわけでなく、要請されていなかったのだ。

安倍首相は、自衛官募集に協力しない自治体があるから憲法改正が必要だ、と事実を捻じ曲げ、平気の平左で言ったのだ。さらに、地方自治体から災害派遣要請があれば、命がけで出動するのが自衛隊だと強調した。だから自治体側は募集に協力すべきだというのも論理のすり替えだ。

首相発言について石破茂元防衛相は「憲法違反なので募集に協力しないと言った自治体は寡聞にして知らない」と語った。自衛隊を憲法に明記したら、自治体の協力が進むかのような首相の主張は詭弁に等しい。一国の首相が事実を捻じ曲げて、憲法を語るべきでない、と指摘されている。

個人情報保護問題に詳しい甲南法科大学院の園田寿教授は、「市町村の個人情報の取り扱いの違いを改憲の理由にするとは驚きだ。こじつけだと感じる」と、さらに「氏名や住所の情報提供に関する規定は、自衛隊法にも同法施行令にもない。それを提供すること自体に問題がある」と指摘している。

住民基本台帳の第三者による閲覧は住民基本台帳法で認められているが、台帳の情報を名簿化して渡すことについては定めがない。自治体の対応が分かれる背景には、こうした背景があるとみられる。園田氏は、「これは自衛隊法と住民基本台帳法の問題であって、憲法は直接関係がない。仮に、憲法九条に自衛隊が明記されても、それだけで提出する自治体が増加するとは思えない」と指摘する。

ジャーナリストの青木理氏は、憲法改正をめぐる安倍首相の発言についてこう批判する。「改憲したいなら慎重、細かい議論をしなくてはならないのに、あやふやな情報を持ち出して国民の感情を煽る手法が粗雑すぎる。そもそも、憲法で権力を縛られている首相が、改憲の先頭に立つだけでもおかしいのでは」

自民党所属の国会議員を始め、全国の自民党員及び漠然と安倍政権へ投票する人達は、安倍首相の本質を知らないのか、また、知ろうとしないのだろうか。表面的な心地よい言葉に踊らされるのは、もうやめにしてほしいものだ、と学は思った。

第7章　戦前回帰の足音

学が大学2回生となり、沖縄は既に梅雨真っ盛り、梅雨前線が近畿地方へと北上してきた2017年6月14日夜であった。自民・公明両党は「共謀罪」の構成要件を改め、「テロ等準備罪」を新設する組織犯罪処罰法改正案に関し、参院法務委員会での採決を省略する「中間報告」の手続きを取る動議を参院本会議に出した。翌6月15日、採決にて成立させた。正式名称は、「組織的な犯罪の処罰法及び犯罪収益の規制等に関する法律等の一部を改正する法律案」である。

「新聞を読むと、安倍と公明党は国会会期延長したくなくて強行したのでは、と書いてあったね。識者や他の人のコメントにも、その点が指摘されていたよ」

「通常国会会期は1回延長できるが、与党は18日までの国会会期を延長せず閉会する調整を始めた、と新聞に記してあった。野党はテロ等準備罪法案を阻止しようと立ち向かうつもりであったが、肩透かしを食ったな。通例では、野党議員の委員長が採決に応じない場合に行われるが、与党議員（公明党）が委員長を務める現在の法務委での中間報告は異例だ、と指摘されていた」

「まだ、未解決の加計問題の件で、安倍首相が攻め込まれるのを避けるためじゃないか、とも記してあったわ」

「それだけではないという人もあったな。森友学園の行政文書の書き替え、南スーダンへのPKO自衛隊日報など、政府による情報の隠ぺいが疑われる問題が相次いだから、いろいろ蒸し返されることを恐れたんではないかって」

「与党が委員会で採決を強行したかったのは、公明党が重視する東京都議選を来週に控えての配慮とみられているんではないかって。まったく、ご都合主義だな。日本が監視国家になり国民の自由が奪われてしまうかも、とこれだけ反対がある重大な法案を、一政党の都議が1人や2人増えたり減ったりの思惑のため強行採決してしまうとは、なんて愚かなのだろう」

共謀罪

組織犯罪処罰法改正案が衆議員で審議入りしたのは同年4月6日。衆院法務委員会では、参考人質疑を含めた約36時間の審議を経て採決が強行された。参院法務委員会の審議時間は、5

時間の参考人質疑を除く17時間50分。通信傍受法（約49時間）、安全保障関連法（約100時間）と比べ、明らかに少ない。安倍一強と言われる長期政権のおごりと、それを正す立法府の劣化が日本の民主主義に禍根を残したと指摘された。

「あの法務大臣てさあ、共謀罪法案について勉強したんだろうか。国会答弁の姿を見ていると、大臣なんてあれで務まるんか、と思ってしまうね。年功序列かなんか知らないけれど、順番に大臣の椅子に座っているだけじゃないのかな」

「安倍首相も似たようなものさ。一つ例がある。野党の質問への答弁で、安倍首相と金田法相が（犯罪主体を）組織的犯罪集団に限定したと答弁したことに対し、法務省刑事局長が制限はない、と答弁した。質問者は、両者の言っていることは真逆ではないかと突っ込んだそうだ」

「質問者への答弁に先立って、毎回、後ろからアドバイスされているもんな。頭の中には何も蓄積されていないのかな」

「答弁の内容によっては、自分の首が飛ぶことを恐れているんじゃないか」

金田法相は、「組織的犯罪集団の構成員と周辺者に限定されている意味だ」と理解を求めたが、質問者の福山議員は、「ごまかそうとしている」と反発、一般人が対象になる余地があると強調した。

政府は「一般人」を、「通常の生活を送っており、組織的集団と関わりない人」と説明。テロ等準備罪の捜査を開始するのに必要な嫌疑（容疑）があるとするためには、対象者に組織的犯罪集団への関わりが認められなければならず、結果として「嫌疑ある段階で一般人ではなく、構成員か周辺者となる」と分かりにくい論理となる。野党側は、「無罪推定の原則に反する」と納得せず、最後まで溝は埋まらなかった。

検察幹部は、「『一般人』に捜査が及ぶような運用はあり得ない。要件自体が厳格なため、乱用出来るような法律ではない」と強調するが、冤罪事件などを手掛ける弁護士らは「一般人の日常的な行為を捉えて、実行準備行為だと恣意的に認定する恐れがあり、冤罪を生みかねない」と危惧し、認識に大きなずれがある。

「取り締まる側と弁護側で、認識がこれだけ違うんだな。日常生活しにくくなるんだろうか」

「一般人の日常生活においては、そんなに意識して行動する必要はないと思うが、監視社会への序曲ともいえる事件が既に大分県別府市で起こったそうだ」

「参院選前、野党の支援組織が入る施設の敷地内に、警察が無許可で隠しカメラを設置したという事件だね、僕も読んだ」

「選挙違反捜査のためらしいが、自公の支援組織に対しては行わない。要するに政権側の意図が見え見えだな。野党立候補者を蹴落とすネタを探るためだ」

「施設の人が草刈り中にカメラを見つけたんだよね。署員4人が罰金を払ったというけど、自腹かななあ、可哀そうに」

施設を管理する連合大分東部地域協議会の事務局長は、「隠しカメラを警察が設置したと分かった時、すぐ共謀罪のことが頭に浮かんだ。法律が出来てもいないのに、もうこんなことをやっているのかと思った」と振り返っていた。「一般市民は共謀罪の対象にならないというが、疑わしいと思えば、警察は捜査の対象とするだろう。権力にさらに権力を与える法案だ」と警察の暴走を身に染みて知るだけに、その危機感は計り知れないのだろう、と記者は記していた。

「ある大学教授が、共謀罪の一番の問題は政府の方針に異論を唱えにくい社会になることだ、と言っていたね」

「市民運動家や法曹界だけでなく、作家、漫画家、企業法務家、もちろん一般市民も反対のシュプレヒコールを上げたけど、強引な採決で国民が考えるきっかけや納得する機会を奪ったとも言っていたな」

「日本弁護士会は、やはり監視社会になって、人権や自由が侵害されるのではないか、と危惧していたわ」

「共謀罪の対象となる犯罪は、当初676も挙げられていたんだってね。最終的には、277らしいんだけどさ。テロ対策には関係ないものも多く含まれているって言うじゃん」

「税法、金融取引法や著作権法などテロとは全く無縁のものも含まれているな。法廷刑が長期四年以上の全ての犯罪に一律に共謀罪を新設することが、テロ対策になると政府が言ってたらしいが、まともな立法事実に関する説明とは言えず、恣意的な適用の恐れがある、と識者は指摘してたよ」

「共謀罪対象となる277の犯罪が新聞に記載してあった。それを見ると、競馬とか競艇なんかも対象だって。人の集まるところ、という意味かと思ったけど、両者の選手というのか知らないが、その資格を問うているんだね。無資格で馬に乗ったり、モーターボートを運転したらテロを計画したとでも言うんだろうか。真面目な顔して取り上げているんだろうか、笑っちゃうわ」

「せっかく作るのだから何でも放り込んでおけ、数が多い方が国際組織犯罪防止条約を批准する時、国連事務総長が喜ぶとでも思っているのかもな。対象となる277の罪には、著作権法違反など組織犯罪やテロ犯罪とは関わりない犯罪が含まれるから、一般市民も捜査対象となり得る懸念があると指摘してもいた。憲法で絶対的に保障されている『内心の自由（思想信条の自由）』を侵害し、自由にものが言えない社会になる、と危惧していたわ」

「外交評論家の一人は、日本の刑事訴訟法は厳格で、裁判所は違法捜査に当たらないかチェックしているから、共謀罪設立によって社会に大きな変化はないだろう、と心配ご無用みたいなことを言っていたね。じゃあ、なぜこれほどまでに法律の専門家が危惧しているのかと思ったな」

「世論もメディアも権力を監視しているから、監視社会や一般人への捜査を懸念する反対論は、早い段階で収束していくだろうとも言ってたな。そんな楽観的な話じゃないわ。元裁判官で現在弁護士をしている人は言ってた。『テロの脅威や近隣諸国との緊張の空気を権力が利用する場合もある、戦前の治安維持法がそうだった。捜査当局の活動をどこまで適正にチェックすることが出来るのか不安が残る。裁判所に任せれば大丈夫だ、という考えは楽観的過ぎると思う』とな。気を付けなければいけないのは、裁判所が捜査機関の言いなりにならないよう、出来る限りチェック機能を果たしてもらいたい、と付け加えていたわ」

「裁判官として双方の意見をよく聞いて判断して欲しいということだね。裁判官経験者として、やはり、共謀罪について心配しているんだね」

治安維持法

治安維持法は、1925（大正14）年4月22日に公布された。1928（昭和3）年と1941（昭和16）年の二度改正され、終戦後1945（昭和20）年10月15日に廃止された。

この法律は団体の変革、または私有財産制度の否認を目的とした結社を処罰することを主旨とした。そして、日本共産党、植民地独立運動、宗教団体、社会主義者、自由主義者、反戦思想まで、反体制勢力を取り締まるのに猛威を振るった。

治安維持法には「結社」取締法という重要な性格がある。この法律は、実効行為を罰する内乱罪や大逆罪とは異なり、国体の変革や私有財産制度の否認の拠点となる結社を取り締まる体裁を取った。

大正デモクラシーの時代にあっては、言論の自由を保護することは重要だった。そして、通信技術が未発達な戦前においては、思想の宣伝は出版物を媒介とするところが大きい。出版物を作成するにはある程度の組織と設備が必要であり、宣伝の拠点となる結社を取り締まることで、宣伝を取り締まる効果が期待できた。

言論界からは懸念の声が上がった。まず、法案が言論、集会、結社の自由を制限すること。法案から宣伝罪や流布罪は削除されたとはいえ、新聞や知識人は何よりも言論の自由が剥奪されることを恐れた。そして、法案が合法的な手段による改革までも処罰しかねないこと、穏健な社会主義や社会民主主義にまで拡大適用されかねない点も懸念された。

1928年の改正では厳罰化がなされ、最高刑は死刑となった。

「天下の悪法」とも言われた治安維持法だが、反対者の懸念は現実のものとなっていく。

1934（昭和9）年と35年の二度、司法省と内務省は再び治安維持法改正案を議会に提出した。改正の目的は、①日本共産党を支援する外郭団体を取り締まること、②審理を円滑にするために、刑事手続き特例を設けようとしたこと、③思想家の改悛を促すため、いわゆる転向政策を盛り込もうとしたこと。これは1931年以降、治安維持法による検挙者が激増したことを背景とする。

「当時、ワシら若者は、治安維持法云々なんて考える間もなかったな。戦意高揚に踊らされていたからさ。現代においてテロ等準備罪に呼称を変えたが、治安維持法との共通項は沢山あるんだろうなあ」

監視社会

犯罪を計画段階で処罰する「共謀罪」の趣旨を盛り込んだ「テロ等準備罪」を新設する組織犯罪処罰法について政府は、「国際組織犯罪防止条約」を締結するために必要と主張した。この条約は187の国・地域が締結済みで、まだなのは日本やイランなど11か国。政府は2020年東京オリンピック・パラリンピックを控えたテロ対策を前面に出し、締結の必要性を訴えた。

「国際組織犯罪防止条約がつくられた本来の目的は何なの?」

「マフィアなどによるマネー・ロンダリングを防止することのようだ。イタリアで判事がマフィアに殺害されたことがきっかけだったそうだ」

「じゃあ安倍政権が強行した共謀罪は、その趣旨とは違うんじゃないの」

「その道に精通した人の書いた本によると、マネー・ロンダリング対策のほか、組織犯罪にかかわる組織・共謀の規制に関する規定と、司法妨害に関する規定が国内法下の義務的条項として規定されているとのことだ。どうも、これが強行採決された共謀罪の根拠ではないかと」

「マフィアは組織だものね。マフィアの構成員が単独で何かすることはないだろうからな」

「マネー・ロンダリングについては、『組織的犯罪の処罰と犯罪収益の規制に関する法律』で1999年、既に国内法が制定されているそうだ」

「じゃあ、ほぼ全国民が心配し、反対している共謀罪をあえて新しく作らなくてもいいだろうに、ねぇ」

「2012年12月、自民党、公明党が政権復帰してから、国内における組織犯罪の摘発、テロ対策の為に共謀罪は必要だと強調されるようになったんだ。特に、2020年のオリンッピク・パラリンピックのテロの発生を防止するためには、事件が発生する前に摘発しなくてはいかんということだ」

「誰でも、そりゃそうだって納得しちゃうよな。オリンッピクを盾に取られたらさ。それで、共謀罪をテロ等準備罪に名前を変えたんだね。外国の選手、関係者や見学者など沢山の人が来るからな。常々、テロの対象となっている国の人も大勢来日するだろうから、テロ防止は必要とは思うが、共謀罪の文言を隠して通してしまうなんて、いやらしいやり方だわ。それが、今の政権なんだ」

共謀罪の創設を求める国連組織犯罪防止条約は、経済目的の組織犯罪を適用対象にしており、テロの根源である宗教的、政治的目的はこの条約の目的とはなっていない。テロ対策のための国連の主要条約は、日本はすべて批准し、そのための国内法は揃っていると言われている。

また、「テロと国際組織犯罪に関する安保理決議2195号」（2014年12月19日採決）において、国際犯罪とテロリストとの関係を問われているのは、国際犯罪組織からテロ組織への資金支援である。この点については既に2002年、日本政府が批准した国連テロ資金供与防止条約に基づいて、テロ資金提供処罰法が制定されていると言われている。

テロリズムの手段とされうる犯罪については、既存の陰謀罪や予備罪によって可能とされ、最も重要な爆発物対策についてみると、「爆発物取締罰則」四条において、爆発物を用いた犯罪については脅迫・教唆・共謀において、三年以上十年以下の重罰に処することが出来ると定められている、と刑法の専門家は指摘する。

さらに、内乱予備罪、身代金目的誘拐予備罪、凶器準備集合罪などが定められており、テロ対策のための主要暴力犯罪については、新たな立法を待つまでもなく、予備、陰謀段階からの規制が可能な立法が既になされているとも指摘されている。

核物質によるテロ犯罪については、予備段階から処罰可能とする法律（「放射線を発散させて人の生命等に危険を生じさせる行為等の処罰に関する法律」）も２００７年に成立している。

「共謀罪を新たに創らなくても、対応できているじゃないの」

「オウム真理教のサリン事件もテロと言えるんだろうが、世界では、市民及び軍人、それに様々な事情を抱え、テロに走った若者が数えきれないほど亡くなっている。いずれにしても、オリンピック・パラリンピックを間近に控える今となってはテロ対策は必要だと思うが、共謀罪の名を変えてテロ等準備罪を創らなくても、テロ対策として何が具体的に不足しているのか検討し、もし不足する点があれば、その点を補う法律を整備すればよい、という識者が多いようだ」

「本当だね、見識のある人は分かっているんだな。そういう人達がもっと前に出て、訴えてくれるといいのにね。選挙に出るとかさ。ただし、今の政権を支えているような政党や改憲、改憲と騒いでいるような政党でもない政党からね」

「ジャーナリストの櫻井よし子って知っているか、学」

「新聞、週刊誌や月刊誌の広告によく名前が出ているね。ＴＶにもよく出演しているわ。あの人、日本会議のメンバーでしょ」

「典型的な右派だ。近隣諸国に対して厳しく評論しているが、共謀罪創設については珍しく自民党政権時に政府批判をしたそうだ」

かつて共謀罪が俎上にあがった2006年5月、衆議院法務委員会で行われた参考人質疑において、「私の疑問は、では共謀罪を創ったら、こうした犯罪を防ぐことが出来るんですか、ということです。オウム真理教であるとか、拉致事件を防ぐことが出来なかったことについての反省は何処になるんですか、ということを問わなければいけないと思う」と問い掛けていた。「へぇー、ガチガチの日本会議のメンバーでしょう。監視社会にしてコントロールしようとする共謀罪を創ることに疑問を持っていたとはね。それだけ意見の割れるテーマであるということかな」

2017年1月、政府は共謀罪を創設するための「組織犯罪処罰法の改正案」を国会に提出すると表明した。4度目の国会提出であるが、これまでは、国際組織犯罪防止条約締結のために必要な国内法の制定であるとしていたのに対し、今回はオリンピック・パラリンピック開催に向けてのテロ対策を前面に押し出す中で、「共謀罪」をテロ等準備罪と名称を変えての法案提出であった。

共謀罪とは、国際組織犯罪防止条約五条によって「条約締結国は立法化すべき」とされた犯罪の一つであり、簡単に定義すれば「複数の人が具体的な犯罪の実行を合意（共謀）しただけで成立する犯罪」のことで、つまり、「合意そのものが犯罪」となるのである。国際組織犯罪防止条約は、英語名の頭文字をとって「TOC条約」、中国語の表記で「(国連) 跨国組織犯罪防止条約」とも呼ばれている。

「明らかに犯罪になるであろうことを、複数の人達が『やろうぜ!』、『OK!』と言っただけで摘発されるんだな。それが実際に行われるか否か、まだ分からない段階でねぇ」

「日本の刑事法では、犯罪行為の結果、被害があれば『既遂』、現実的な危険が見られれば『未遂』として処罰されることになっているらしい。しかし、共謀罪は、具体的な行為がなくても、話し合っただけで処罰するのが特徴かな」

「それなら、単に疑わしいとか、やるんじゃないかと判断されれば、処罰されることもあるんだね。下手に冗談なんか言えないんだ。これからは窮屈になるなあ」

「そうさ、話し合って合意したかどうか判断するために、電話の盗聴や会話を聞いた人に通知させる密告が横行するかもしれん」

「何か暗いイメージだね。治安維持法の時代みたいだ」

「犯罪を実際に行う前に、話し合った仲間を密告すれば、密告した者は刑の減免 (必ず刑の免除、軽減が行われる) される規定が盛り込まれたようだ」

　学と福太郎が話したように、捜査当局が市民生活の中に入り込んで監視社会を作ってしまい、息苦しく、暗い社会がやって来るのではあるまいか、と国民は心配しているのだ。

「安倍政権右派は、やはり監視社会を無理やりにでも作ろうとしているのかな。次のステップの為にさ」

TOC条約との関係

「話は変わるけど、条約の留保って知ってる？　本の記述はちょっと理解しにくかったから辞書を引いてみたんだ。そしたら『条約の留保とは、国際法上、多国間で条約を結ぶとき、ある当事国が条約中の特定条項を自国には適用しないと意思表示すること』だって。国際組織犯罪防止条約を批准するにあたり、共謀罪法案作成において、何か関わりがあったのだろうか」

日弁連は2006年9月に「共謀罪を導入することなく、国際組織犯罪防止条約の批准を勧めることを求める」意見書を理事会で採択した。この意見書は「『共謀罪』新設法案は日本の刑事法体系の基本原則と矛盾し、基本的人権の保障と深刻な対立を引き起こす恐れが高く、本条約の批准においても導入に不可欠とは言えない」とするものであったと指摘されている。

その根拠は、「国連の立法ガイドによっても、日本の刑事法体系において合意により成立する重大な犯罪を未遂以前から処罰する規定を有していれば、新たな立法はしないという選択肢を許容していると見ることが出来る。日本政府は、従来は自ら『共謀罪は日本の国内法原則と両立しない』と主張していたのである」という理由であり、その「国内法原則」と矛盾する共謀罪立法は放棄されるべきであるというものであった。

「政府はもともと、共謀罪を導入するつもりはなかったんじゃないの？　法律の専門家が解釈するのだから間違いっていないと思うな」

「そうよな、一人の意見でもないし、長い時間かけて議論してきたことだろう。本条約の求める内容を深く掘り下げ、分析、検討した上での意見書だろうよ」

「やはり、安倍政権になって、政府の方針転化がなされたんだろうか。戦前回帰の意図を隠し、日本の危機を脱するためとか何とか言って、一般市民を煙に巻いてさ」

「かもな。これから個人情報は全てといえるほど個人ナンバーで把握されるようになるだろう。もし、徴兵制が導入されるような事態が起これば、戦前のように役所の担当者が対象者へ個別訪問する必要もない。あってはならないが、現政権が強行に創り上げてきた戦争が出来る体制の準備が、共謀罪の成立で一応成し遂げられてしまう、と善良なる法律家の人達は必死に抵抗してくれているんじゃないか」

「一般の人達が繰り広げる反対デモも含め、法律専門家の人達も頑張ってくれているんだね」

　国連の立法ガイドが締約国に認めている立法裁量の幅はかなり広く、特に51パラグラフは「関連する法的概念を持たない国においては、共謀罪又は結社罪という名の制度を導入することなしに、組織犯罪に対して効果的な措置を講ずるという選択肢は許容されている」と非常に重要なことを述べている。つまり、共謀罪でも結社罪でもない効果的な組織犯罪対策という第三のオプション（選択）も、この立法ガイドは認めているとされている。この文書は日本政府による修正案の理由から引用したものであり、政府はこの第三のオプションもOKと理解していることが見て取れるのだ、と指摘されている。

「ネットでね、国内法整備の指針となる『立法ガイド』を書いた人、米ノースイースタン大学のニコス・パッサス教授に毎日新聞が電話インタビューした記事を読んだ」

「何て書いてあった」

「組織犯罪防止条約（TOC条約）はイデオロギー的、宗教的、政治的な動機からくる犯罪を除外している、と語ったそうだよ。だから、テロ防止条約の目的は含まない、と強調していたらしい」

「そこら辺りの難しいことは一般的に知ることはないだろうな。ネットって便利じゃないか、そんなことも分かるのか」

「おじいちゃんもスマホ買いなよ。使いやすい端末出ているよ」

「ワシはいいわ。その道のプロが記した本を読むことにしているからな。ガラケーで行くわ」

学が読んだ他の記事によれば、パッサス教授はテロ対策に関してはそれぞれの国に異なった事情があり、まずは刑法など国内の制度や政策を活用するものだ、TOC条約はあくまで各国の捜査協力を容易にするためのものである。ＴＯＣ条約については「組織的犯罪集団による金銭的な利益を目的とした国際犯罪が対象」で、「テロ対象から除外されている」とし、「非民主的な国では政府への抗議活動を犯罪とみなす場合がある。だから、イデオロギーに由来する犯罪は除外された」と、ＴＯＣ条約の起草過程を踏まえつつ、「ＴＯＣ条約はプライバシーの侵害につながるような捜査手法の導入を求めていない」と述べ、ＴＯＣ条約を新たな政策導入の口実にしないように注意喚起を行った、と記されてあった。

「立法ガイドを執筆した人の言葉だから、その通りなんだろうね」

「英・米・仏・独などの主要国は何処も本条約五条に基づいて、新たに法律を作ることなく批准しようとしていると、当初日本政府は説明していたんだそうだ、本に書いてあったわ」

「それぞれの国にある法律で批准できるということだったのかもしれないな。２００６年時点でノルウェーとブラジルが共謀罪を新設して本条約を批准したらしいが、２０１６年外務省が作成した資料でも、以前の状態は変わっていなかったとも記してあったよ」

ＴＯＣ条約二条では、①３人以上で組織された集団であること、②一定の期間存続すること、③金銭的利益その他の物質的な利益を直接・間接に得るための犯罪を行うこと、④重大な犯罪またはこの条約に定められる犯罪を行うことを目的とすること、⑤（組織）一体として行動すること、という５つの要件が定められている。

しかしながら、政府新法案では、本条約の定めるこれら要件とは異なり、その「組織的な犯罪集団」として一定期間継続すること、その「組織的な犯罪集団」の目的が金銭など物質的な利益であることを明確に求めていないし、一体として行動するという点もあいまいである。明らかに本条約が認めている限定よりも甘いと言わざるを得ない、との指摘もされている。

「日本国民はここらで真剣に考えないといけないね。全て自分の身に降り掛かってくるんだと自覚しなくちゃな」

「何かあると安倍政権の支持率は少し下がるけれど、暫くすると何事もなかったかのように支持率は戻っているだろう。現在の我が国が抱える最も重大な問題だ」

学と福太郎の危惧を嘲笑うかのように、戦争が出来る法律が着々と成立し、政府は2017年7月11日「国際組織犯罪防止条約締結の受託書」を国連事務総長に寄託した。効力は30日後の2017年8月10日に発生した。世界は日本の批准を称賛する声明を日本政府へ発信した。

学と福太郎は「他の国が、『そんなことやめておけ！』なんて言わないわ」と思い、これから盛んに安倍首相が口から泡を飛ばして語るであろう「改憲」という二文字が思い浮かび、心が沈むのであった。

戦争の記憶

「おじいちゃん、この前図書館でアジア・太平洋戦争中の兵士について記された本を読んだよ。おじいちゃんは戦地であったことを話さないけど、読み進むにつれて胸の辺りが苦しくなってしまったわ。読後感想の言葉を探すなんてものじゃなかったが、読み終わって思ったのは、再び戦争による惨禍を引き起こしてはいけない、その一点だったね」

学が図書館で手にしたのは『日本軍兵士――アジア・太平洋戦争の現実』（吉田裕著、中公新書）であった。これは、①戦後の歴史学を問い直すこと、②「兵士の目線」で「兵士の立ち位置」から戦場を捉え直してみること、③「帝国陸海軍」の軍事的特性との関連を明らかにすること、という3つの問題意識を重視しながら綴られた本だった。

学が胸を痛めたのは、②に関連して記述された部分だった。

「米国は日本兵の心理を分析したレポートを作り、軍事作戦に活用していたようだね」

そのレポートは南西太平洋軍司令部が作成、配布していたものだ。全滅するまで抵抗をやめない日本兵が、自己犠牲を強いられていた歴史的、社会的、心理的要因を分析したレポートであった。しかし、その一方で「自己犠牲の強制に対する反発」にも着目。あるパーセンテージの日本兵が自ら降伏し、少なくとも抵抗することなく捉えられている事実もある。レポートはその原因を、生きたいという人間本来の願望や、無能で任務を果たそうとしない将校への批判の意思などにあった、と指摘していたのだ。

「以前も読んだことがあるよ。『捕虜になるなら自決の道を選べ』という軍事教育だね」

「大和魂を持て、と強要されたものだ」

「大和魂と自己犠牲に同一性はないと思うけれど、その時代の人は、そんなものかと踊らされていたんだろうなあ。それが、戦死者の数に表れているんだね」

日本政府によれば、１９４１年12月に始まるアジア・太平洋戦争の日本人戦没者は、日中戦争を含めて軍人・軍属が約２３０万人、外地の一般邦人が約30万人、空襲などによる日本国内の戦災死没者が約50万人、その他10万人、合計約３２０万人である。軍属とは陸海軍に勤務する文官などのことをいう。この数字には朝鮮人と台湾人の軍人・軍属の戦没者約５万人が含まれている。彼らは日本軍の兵士として動員され、戦没したのである。

「戦争で亡くなった日本人の数には胸が締め付けられる思いがするけど、朝鮮や台湾から動員といっても、ある意味強制でしょ。その人達にとって、日本は他国だものな。家族を含め、今でも怒りが収まらないのは理解できるね」

アジア・太平洋戦争における外国人の戦争犠牲者は、米軍の戦死者数は約９万２０００〜10万人、ソ連軍約２万７０００人、英軍約３万人、オランダ軍は民間人を含め約２万７０００人と言われている。

交戦国だった中国や日本軍の占領下にあったアジア各地の人的被害はいっそう深刻である。ある推定によれば、中国軍と中国民衆の死者が1000万人以上、朝鮮の死者が約20万人、フィリピンが約11万人、台湾が約3万人、マレーシア・シンガポールが約10万人、その他ベトナム、インドネシアなど合わせて、総計で1900万人以上となる。日本が戦った戦争の最大の犠牲者はアジアの民衆だった、とそれらの数字が物語っているのかもしれない。

「まったく、言葉に言い表せない数だな。亡くなった人達の家族、親戚、知人含めると、数えきれない程の犠牲者を出してしまったんだね。戦後、今に至って、この戦争を容認する論調が日本国内にあるようだけれど、屁理屈もいいところだな。頭の中はどうなっているんだろう」

現政権の安倍首相は、衆・参選挙や内閣改造後の所信表明演説などで「日本国土、日本国民を守るために一緒に頑張りましょう」と煽り、着々と戦争が出来る政策を作り上げてきた。戦争による災禍を考慮に入れないのは、自分が戦場という現場に立つことはないと高を括っているのではないか、と学は思うのだ。さらに、他人に起こるかもしれない「死」への痛みがないのだろうとも。

「太平洋戦争に限らず、戦争を企て差配する連中は、災禍を受ける民衆を考慮するなんてことはない。戦争が起きれば莫大な利益を得る死の商人とも繋がっているだろうからさ」

「兵器産業を経営する人達のことだね。必要悪という人も居るようだけれど、兵器のない世の中になればいいのに、なんて言ったら笑われるだろうが、ひょっとして、何処か宇宙の惑星にあるかも、と思いたいな、おじいちゃん」

「決して笑いごとではないな、学」

戦場における兵士の死といえば、戦闘による死を思い浮かべるのが普通であろうが、アジア・太平洋戦争では戦病死者が非常に多かった。戦闘による死者と病気による死者の両方を合わせて戦死者という場合もある。戦闘による死者を戦死者、病気による死者を戦病死者と区別すると、近代初期の戦争では伝染病などによる戦病死者が戦死者をはるかに上回った。それが軍事医療、補給体制の整備によって、戦病死者が減少した。日露戦争では日本陸軍の全戦没者のうち戦病死者の占める割合が約26％にまで低下した。

ところが、日中戦争から戦争が長期化するに従い、再び戦病死者が増加していった。

「病気で死ぬ人が増えていったんだね。湾岸戦争やそれ以後の戦場をＴＶモニターなどで見ているから、戦闘や砲撃で亡くなる人が多いと思ってたわ」

「思い出したくもないな」

福太郎が体験を語らないのは、当時の状況を思い出すのが辛すぎるからであった。それは、戦闘による友軍の戦死はもちろんであるが、戦況の悪化による制海・制空権の喪失によって、各地における日本軍の補給路が完全に寸断され、深刻な食糧不足が発生した。そして、栄養失調による餓死者と体力消耗の結果、マラリアなどに感染し、歯止めなく病死者が増えていったのだ。

「読んだ本に記載されていた数字によると、戦場での前線部隊っていうのかな、相手と直面している人達のところへ無事に到着した軍需品の割合（安着率）は、１９４２年の96％が次第に減り、１９４５年には51％にまで低下。海上輸送された食料の３分の１から半分が失われたんだってね」

「戦時中の様々な状況から推測した数字なのだろうが、数字で当時の飢餓を想像できるような現場ではなかったわ」

　福太郎の胸の内は、まだ50％ほどの食糧が兵士の元へ届けられていたのか、と数字であの飢餓地獄を想像されてはたまったものではないとの思いなのだ。

　昭和天皇は実情を把握していたようで、侍従武官長に、これまでの補給の途絶によって「将兵を飢餓に陥らしむるが如き事は」自分としても到底耐えられない、よく軍令部総長にも申し聞かせ、「補給につき遺憾なからしむる如く命ずべし」と指示している（『東条内閣総理大臣機密記録』）。

「マラリアって怖い病気らしいね。40℃の高熱が出て、体力が弱まったところへ食料がなく、極度の栄養失調になり、その後は薬も食事も全く受けつけなくなって、死んでいくんだって」

「典型的な飢餓のコースだったな。他にも病死はあったけれど、マラリアに罹った原因はすべて食糧不足でもなかったのではないかな」

米軍はＤＤＴの大量使用によってマラリア原虫を媒介する蚊を駆除し、マラリア予防に成功した。しかし、日本軍の場合はその対策が大きく立ち遅れていたため、特に南方戦線ではマラリアが猛威を振るったようであった。

戦時中にマラリアに罹りながらも帰国した人達の中には、戦後、再発に苦しんだ罹患帰還元兵士が多かった。マラリア原虫を体内に持って帰国すると、帰国後1～3カ月の間に1、2回再発する人が多かった。5年を過ぎると再発を繰り返す人は少ないと報告されているが、30～35年過ぎてやっと完治したという人も現実にあったそうである。

無謀な作戦

「おじいちゃん、特攻って海軍だよね。死を前提に戦闘機に乗るなんて、僕には想像もできないわ。搭乗者（戦闘員）の心理状態を安易な言葉で想像もできやしないよ」

「人間魚雷も悲惨なものだった」

「その当時の海軍司令部の人達は、人間にやつした悪魔だったんじゃないの」

陸地における飢餓を引き起こした陸軍だけでなく、敗戦を自覚しながら戦闘機による特攻や人間魚雷に搭乗を促し、死ぬことを命じた幹部が、戦後何事もなかったように平和になった日本で毎日の生活を享受している、と福太郎は後で知って、何ともやり切れない思いと憤りが胸に迫ってきた。

航空特攻は、１９４４年10月、海軍がフィリピン防衛戦で神風特別攻撃隊（「しんぷう」が正式の呼称で「かみかぜ」は俗称）を出撃させたのが最初とされている。

「特攻専門機が作られたんだね。『桜花』と書いて『おうか』と読むんだろうか。ロケット推進器を装備した一人乗りのグライダーなんだってね」

「一式陸上攻撃機につるして、敵の艦船に接近したところで母機から発進したんだな」

最初の特攻作戦任務は体当たり攻撃によって、アメリカ空母の飛行看板を一時的に使用不能にする限定的なものだった。そして、１９４５年３月末から始まる沖縄戦の段階になると、特攻攻撃が陸海軍の主要な戦法となった。しかし、「桜花」への期待は夢に終わるのだった。２トンを超える重量の「桜花」をつるした母機の速度や運動性能が大きく低下するため、「桜花」を発進する前に母機と共に撃墜されることが多く、１９４５年３月21日に初出撃した「神風攻撃部隊」の一式陸上攻撃機18機の全機が、桜花を抱えたまま攻撃された、とある。

「ああ、まったく無駄死にだったんじゃないの、なんてことだ。そもそも、若者の命を重んじない作戦そのものに問題があったんだわ」

「特攻機が古く、重い爆弾を搭載して飛行するので、米軍迎撃戦闘機の格好の餌食となってしまったんだな。軍司令部は、ひどい作戦を立ててしまったものだ」

一方、特攻作戦の人間魚雷は、1942年6月ミッドウェー海戦以降、各地で日本軍は敗戦を重ねていき、海軍は戦況打破を目的に、搭乗員の命と引き換える特攻作戦を考えた。当初、海軍上層部には強いためらいがあった、と言われている。しかし、1944年、海軍は人間魚雷の開発に踏み切った。第二次大戦中、イタリアが使用したものは爆発前に人間が脱出するものであったが、日本軍の「回天」と命名されたものは、乗員が乗ったまま敵艦に体当たりする特攻兵器であった、といわれている。

「イタリアでは人命を尊重する姿勢があったじゃないの。三国同盟の一角の日本軍には当然その情報は入っていただろうに。そんな作戦自体が馬鹿げているけど、同じやるなら、日本でもイタリアと同じようになぜしなかったんだろう」

「現在でもそうかもしれんが、欧米人に比べて日本人には人権というか、個人を尊重する精神に欠けているような気がする、自分を含めてな。それが全てとは言えないが、当時の軍司令部には、人の命の尊さを重んじる心が欠けていたのだろうさ」

「別の本などによれば、1944年頃には敗戦を見越していたそうだね。同列には並べられないが、安倍政権が都合の良い使い方をしている積極的平和主義、これに基づいて自衛隊を戦地へ派遣できるようにしたことに通じるものを感じるね」

「戦地や紛争地帯へ自衛隊を送るのは、『死を覚悟していけ』ということだからな」

「日本の陸海軍では自殺（自決）が多かったらしいね。当時では一般人よりも自殺率が高かったようなことが記されていたわ」

「古参兵や下士官による暴力、侮辱や憂さ晴らしのような仕打ちが多かったから、精神的に耐えられない者がいたよ。教育という名目の下で行われていたからな」

私的制裁の弊害が指摘され、その根絶が建前としては軍内で強調されながらも、それが一向に無くならなかったのは、軍幹部の中に強い兵士を作るという理由で、私的制裁を黙認する傾向が根強かったようである。

「インパール作戦って、どの辺りだったの、おじいちゃん」

「インド北部の都市だな。ビルマ（現ミャンマー）に隣接しているのかな、なんでだ、学」

「本の中に一枚の絵が掲載されていたんだけど、その絵には描いた人の説明文が記されていたんだ」

その絵は、インパール作戦に参戦した独立工兵第20連隊のある曹長が描いた記録絵である。そこには自殺した兵士の状況が繰り返し描かれている。その中の一枚に、次のような説明文が記されている。

「今日は体調がいいから先に行くぜ」と出ていった兵が、道の真ん中で自決していた。後からこの道を（戦友が）通るから（自分の遺体を）始末してくれる、とやったことだ。まだ歩けるのに、早まったことをしてくれた、と一同は残念な思いだった。分隊の足まといになることは、彼の性格から許さなかったのだろう。（中略）近くで休んでいて、この様子を見た病兵が、足の指で引き金を引いたと話した。

「目撃した病兵によると、自決した兵士は小銃の銃口を口にくわえたか、自分の頭部に向けて足の親指で銃の引き金を引いた、と記してあった。なんと酷いことだな。そういう人がいっぱい居たんだね。現場に居合わせた人達は辛かったろうね」

インパール作戦は1944年3月に日本陸軍により開始され、7月初旬まで継続された。インド北東部の都市インパール攻略を目指した作戦のことである。補給を無視した無謀な作戦を強行した結果、日本軍が英軍に完敗。多数の餓死者、戦病死者を出したことでも有名であり、日本軍の退却路は「白骨街道」や「靖国街道」などと呼ばれた。

「『生きて虜囚の辱めを受けず』、東条英機陸軍大臣が発した戦陣訓だってね。捕虜になってはダメということなの」

「捕虜になるくらいなら自ら死を選べ、と言われたわ」

「捕虜になると拷問を受け、情報を探られるとでも思ったのかな。当時の軍幹部は」

「それもあったのかな。でも、大和魂とはそういうものだという精神論的な意味合いの方が大きかったと思うよ」

戦地における傷病兵は「国籍の如何を問わず」人道的に処遇し、その治療に当たらなければならない、と1929年「ジュネーブ条約」(赤十字条約)は定めた。1935年、日本はこれに批准はしなかったが署名し、陸海軍ともに同条約を公文書に収録した。この段階では、傷病兵が捕虜になることを国際条約上認めていたことになる。

しかし、1939年5月から9月にかけて、日ソ両軍の間でノモンハン事件が勃発し、多くの日本兵がソ連軍の捕虜となった。停戦協定成立後、捕虜と日本軍将兵が日本側に送還されてきた。この時、陸軍中央は軍法会議の前に将校に自決させて戦死の「名誉」を与え、下士官兵は軍法会議で審理し、負傷兵は無罪、そうでない者は「抵抗または自決の意思がなかった」とみなして「敵前逃亡罪」を適用するという厳しい方針で臨んだ、とされている。

「捕虜になって、無事送還された人達に酷い仕打ちをしたんだなあ。戦地では死地をさ迷いながらもやっと送還され、安全地帯に戻されホッとしても、死ね! と命令されるなんて、僕には全く考えられないわ」

「ワシはそこらの流れを知らなかったが、捕虜になることを禁じた方針を決定づけたのが東条英機が出した通達だったんだな。当時のワシらにとっては、天皇陛下は別にして、神様のような存在だったわ。何も分からなかった。ただ、命令に従うだけだったよ」

「僕が読んだ本にはまだまだ沢山の事例が記してあったけど、もう、辛くてこれ以上話せないわ、おじいちゃん」

「ワシも思い出したくない。せめて、戦死者に心の内で手を合わせよう、学」

約230万人と言われる日本軍将兵の死は、実に様々な形での無残な死の集積だった。対戦したアジアや欧米の諸軍部体制の中にも、同様な死があったか否かを知る由もない。

学は、太平洋戦争を引き起こした当時の政権及び軍部と、現在の安倍政権及び右派組織との同一性あるいは相違点を言葉で言い表すことは出来ないが、「類似」という二文字が寒風に乗って胸に突き刺さったような錯覚に、身震いを覚えるのだった。

第8章　悪夢、ふたたび

東京オリンピック・パラリンピック両催事においてメダル獲得目標を超え、特に金メダル獲得数が過去のオリンッピク・パラリンッピクを大幅に上回った。日本国中に歓喜の渦が沸き上がった。

その閉幕のちょうど1週間後、安倍内閣は臨時国会を招集し、安倍首相は突然、衆議院の解散を宣言した。野党からは猛烈な反発の声が上がった。東京オリンピック・パラリンピックの熱狂の裏側で、まさか安倍政権がそんな企みをしているとは考えられず、何も準備していなかったのだ。「寝耳に水」とはこのことだ、とマスコミも驚愕の記事を掲載した。

安倍政権は日本会議と結託して、東京オリンピック・パラリンピック開催前からその組織を利用し、極秘に全国で根回しを展開していたのだった。

衆議院選挙の結果、案の定、野党は議席を減らし、自公で総議席数の3分の2を上回り、加えて改憲については与党寄りの日本維新の会や希望の党の議席を加え、改憲勢力の態勢が整った。

安倍政権は直ちに特別国会を召集。数の力でもってして、強行に徴兵制を復活させてしまった。

東京オリンピック・パラリンピックの熱気冷めやらぬ国民の心身に、振り払う術のない冷水が浴びせられたのだ。

ヨーロッパ、中東、東南アジアで繰り返されるテロとの戦いに、アメリカは再び軍隊を送った。アジアでは半島間できな臭い日常が繰り返され、一方、覇権による脅威に対応する必要が求められるアメリカ政府は、自国の軍隊だけでは兵力が足らない、と安倍政権を揺さぶった。そして、日本国民が危惧した集団的自衛権の下、戦前の過ちが再び繰り返されることになったのだ。

日本国民は自分達の政権選択が間違っていた、表面に騙された、と悔やんだが、すでに取り返しのできない状況に追い込まれていた。安倍首相はTVのインタビューに応えて「我々日本国民は一丸となり、この難局を乗り切っていかなければなりません」と言った。

１９８０（昭和55）年8月15日、当時の鈴木内閣は閣議決定で、徴兵制は憲法13条・18条に違反し、違憲との見解を明らかにした。

第十三条　すべて国民は、個人として尊重される。生命、自由及び幸福追求に対する国民の権利については、公共の福祉に反しない限り、立法その他の国政の上で、最大の尊重を必要とする。

第十八条　何人も、いかなる奴隷的拘束も受けない。又、犯罪に因る処罰の場合を除いては、その意に反する苦役に服させられない。

この先達の意志などお構いなしに、安倍首相は選挙のたびに叫び続けた「国難」というフレーズを連発し、圧倒的多数を獲得すると、あれよという間に徴兵制を復活させたのだ。

「おじいちゃん、行ってくるわ」

学は、福太郎に右手を差し出した。戦争という概念に実感が湧かないまでも、物心ついてから今日まで、ＴＶ、新聞、その他の情報媒体により、体が捉えてきた世界の現実に思いをめぐらせた。

「学、体には気を付けてな。おじいちゃんは待っているからな。帰って来るんだぞ、いいな！」

福太郎は、自分が出征した日を鮮明に思い出しながら、熱くなる目頭を拭い、学の右手を両手でそっと包んだ。

当時は風になびく日の丸の旗とともに、「万歳！」の声を背に受けて、勇躍バス停へ足を運んだ。送り出す村の人々も、軍服姿の当人にも涙は禁じられていた。しかし、身内の者は表情とは裏腹に、心の内には涙が満ち溢れていた。

学が出征にあたって身に着けていたのは、カーキ色でも迷彩色の軍服でもなく、濃紺のダブルのスーツだった。純白のカッターシャツのセンターには、日の丸を象徴するかのような真紅のネクタイが、学を凛々しく際立たせていた。そして、残暑が厳しい季節ゆえ、これも濃紺のトレンチコートが、学の左腕に二つ折りでぶら下がっていた。通勤時間帯でもあり、一見、サラリーマンの出勤風景そのものだった。学の姿を見て、日本は戦争をしていないのに、集団的自衛権の名のもと応召するのだ……と察するはずもなく、誰も目に留めることはなかった。

学は、母、ゆめ子の運転する車の後部座席に身を沈め、信号が青に変わり左折するまで、右手を振り続けていた。福太郎は、溢れ出る涙を拭わず両手を振った。「万歳！」、とんでもない。戦後、日本国憲法に守られ、平和を享受してきた74年後に、あの悪夢が再び繰り返されるとは。

学の乗る車が福太郎の視界から消えても、両の拳を力いっぱい握りしめ、その場に佇んでいた。福太郎の瞳からは、やり切れない思いがこもったような濁りのある涙が、頬から流れ落ちていた。

「必ず帰って来るんだぞ、学！」

福太郎は大声で叫び、台風が近づく鈍色の空へ視線を流した。

「おじいちゃん、おじいちゃん、どうしたの？　僕、呼んだの？　大声でびっくりするじゃん」

「うーん……あっ！　学か。学、帰ってきたのか。無事だったのか、学」

「何言ってるの、今日は日曜日で休みだから家に居るよ。おじいちゃん、大汗かいてるけど大丈夫？」

学は、福太郎が心臓にでも支障をきたしたのかと心配した。

「もう9時になるよ。皆朝ごはん食べてしまったよ。こんな時間まで寝ているなんて珍しいから様子見に来たんだけど、大丈夫そうだから良かったわ。年なんだから気を付けてよ。杏が内定貰ったってメールが入ったから、お祝いに行ってくるわ。じゃあね」

「……そうか、気をつけてな」

福太郎は夢であった、とホッと胸をなでおろした。と同時に、夢が影を潜めて学にそっと忍び寄っているのではないか、と現実的な不安に心の芯が急激に冷めていくのを感じた。

あとがき

「美しい国、日本」を作る——第一次安倍内閣発足時における安倍首相の所信表明演説で、特に印象的なフレーズでした。今後の政策実現の命題としては抽象的で、「なんと甘ったるいことを言っているんだ」と感じたものです。

本書の原稿を書き進むうち、憲法改正問題に際して日本会議が「美しい日本の憲法を作る会」などを通じて組織的に動いていることを知り、「美しい」というフレーズの出どころはここではないか、と思いました。所信表明演説における意味合いとの共通項はないようですが、その裏に潜む目論見には同一性があるのかもしれません。

民主党政権を経て、第二次安倍内閣発足後、安倍さんの言動を見ていると、「どうも一人の頭ではないな、バックに大物実力者、あるいは組織があるのではないか」と思い続けている折、どなたかは忘れましたが、TV番組報道で、「日本会議」について語っていました。私の疑問が解けた瞬間でした。

私の学生時代は、１９６０年安保闘争後に形成され、活動が広がった学園紛争が真っ盛りでした。校内にはヘルメット着用の左派系活動家が列をなし、様々な改革を訴えるシュプレヒコールを上げていました。私はその当時、ノン・ポリティカルな学生であり、左派活動家のデモにも、その反対の穏やかなデモにも参加しませんでした。今も、どちらかと言えば無党派層に籍を置く身です。

しかし、安倍政権になって以来、数の力に任せ、戦争準備法制とも指摘されるような様々な法案が強行採決される現実に不安を感じ、これでいいのか、と感じるようになりました。

日中戦争時の1938(昭和13)年、第一次近衛内閣において国家総動員法が制定されました。それを根拠として国民は戦争に駆り出されていったわけですが、今日に至るまで一般的にはあまり知られていない、赤紙不正発行による召集動員があったといいます。当時の、大衆が戦争に巻き込まれていく構図とその陰で不正が横行する様を、現代の安倍政権が彷彿とさせています。安倍政権による、どこを見て、誰の為に閣議決定しているのか分からない法案の創設過程とその概略を二人の会話を通して記すことで、安倍政権とその背後にいる日本会議が目論む戦前回帰の動きを明らかにしたいと思いました。

私は、法律家でもジャーナリストでもありません。従って本書の内容は、巻末にご紹介した参考文献、新聞各紙、ネット等の情報から参照引用させて頂きました。本書で取り上げた個別の問題の詳細については、是非とも参考文献などを読んで欲しいものです。

参考文献の一冊『戦後史の正体』（孫崎享著、創元社）に、戦後の日本国の歴代首相について論述されていました。戦後、アメリカに対し、日本国として自主路線（積極的に現状を変えようと米国に働きかけた人、及び特定の問題について米国の圧力に抵抗した人達）を主張した首相と、アメリカ追随（米国に従い、その信頼を得ることで、国益を最大化しようとした人達）に終始した首相に分類する試みです。その分析からすると、自主派（一部抵抗派を含む）は15名、対米追随派は12名と記されています。アメリカに物言った骨のある首相がそんなにもいたとは驚きであり、頼もしく思いました。しかし、悲しいことに、それら首相はアメリカと日本国内の一部の者によって首相の座から引き落とされ、すべて在任期間が短命だったそうです。残念ながら、基地権問題、沖縄普天間返還に関わる辺野古移設問題が何ら解決されることなく、現在に至っていると嘆いていました。一つのポイントとして、長期政権となった各首相は、後者「対米追随派」のグループに属しているそうです。ちなみに、安倍首相は後者に属するうちの一人のようです。

「森友学園問題」では、嘘の答弁に終始した理財局長らを無罪放免した大阪地検特捜部長が北海道函館地検検事正に栄転、のち海外へ転勤となっています。一方でまだ若い財務省大阪支部職員が、命令されて起こした行為とはいえ罪悪の念に堪えられず、自殺という手段を選んでしまう結果となりました。首相はこの悲劇に「お悔やみ申し上げます」一言だけで事件そのものを忘却の彼方へ葬り去り、森友学園と深く関わったとされる首相夫人の「お悔やみ」の言葉を、国民が公の場で聞くことはありませんでした。

「加計学園問題」も未だ判然としないなか、直近では「桜を見る会」の招待者に関する不正問題がクローズアップされました。「嘘」「忖度」「隠蔽」がはびこる現政権にリードされている我が国でいいのか、本書をお読みになった方がそのような思いに至ってくだされぱと思います。

最後に、良識ある識者およびジャーナリストなどが指摘しているように、太平洋戦争後、日本が培ってきた武力なき国際貢献が今後も続き、末永く日本国民の誇りとなることを願って本書を終わります。

〈参考文献〉

小澤眞人＋ＮＨＫ取材班『赤紙――男たちはこうして戦場へ送られた』創元社、１９９７年
松井覺進『学徒出陣50年』朝日ソノラマ、１９９４年
青木理『日本会議の正体』平凡社新書、２０１６年
俵義文『日本会議の野望――極右組織が目論む「この国のかたち」』花伝社、２０１８年
春原剛『日本版ＮＳＣとは何か』新潮新書、２０１４年
丹羽宇一郎『戦争の大問題――それでも戦争を選ぶのか』東洋経済新報社、２０１７年
矢部宏治『日本はなぜ、「戦争が出来る国」になったのか』集英社インターナショナル、２０１６年
伊勢崎賢治『日本人は人を殺しに行くのか――戦場からの集団的自衛権入門』、朝日新書、２０１４年
伊勢崎賢治『新国防論――９条もアメリカも日本を守れない』朝日新聞出版、２０１５年
白井聡『国体論――菊と星条旗』集英社新書、２０１８年
斎藤貴男『「明治礼賛」の正体』岩波ブックレット、２０１８年
斎藤貴男『戦争のできる国へ――安倍政権の正体』朝日新書、２０１４年
原田伊織『明治維新という過ち』講談社文庫、２０１７年
一ノ瀬俊也『明治・大正・昭和軍隊マニュアル――人はなぜ戦場へ行ったか』光文社新書、２００４年

長谷部恭男・杉田敦『安保法制の何が問題か』岩波書店、2015年
奥平康弘・愛敬浩二・青井未帆『改憲の何が問題か』岩波書店、2013年
寺脇研『危ない道徳教科書』宝島社、2018年
渡辺治・岡田知弘・後藤道夫・二宮厚美『〈大国〉への執念――安倍政権と日本の危機』大月書店、2014年
浅井基文『集団的自衛権と日本国憲法』集英社新書、2002年
山内進『十字軍の思想』ちくま新書、2003年
海渡雄一『秘密保護法対策マニュアル』岩波ブックレット、2015年
エドワード・スノーデン『スノーデン 監視大国日本を語る』集英社新書、2018年
平岡秀夫・海渡雄一『新共謀罪の恐怖――危険な平成の治安維持法』緑風出版、2017年
奥平康弘『治安維持法小史』筑摩書房、2006年
中澤俊輔『治安維持法――なぜ政党政治は〈悪法〉を生んだか』中公新書、2012年
吉田裕『日本軍兵士――アジア・太平洋の現実』中公新書、2017年
孫崎享『日米開戦の正体』祥伝社、2015年
孫崎享『戦後史の正体』創元社、2012年
森山康平『東条英機内閣1000日』PHP研究所、2006年

森史郎『ミッドウェー海戦』新潮社、2012年
川田稔『昭和陸軍全史3／太平洋戦争』講談社、2014年
海老坂武『戦争文化と愛国心』みすず書房、2018年
古賀誠『憲法九条は世界遺産』かもがわ出版、2019年

〈資料〉

『広辞苑』
朝日新聞
毎日新聞
法務省『テロ等準備罪について』
コトバンク『安全保障関連法案とは』
赤かぶ『深刻な自衛隊の隊員不足』
Weblio 辞書『積極的平和主義とは』
日本弁護士連合会『秘密保護法とは』
Wikipedia『戦後レジーム』

角南正義（すなみ・まさよし）
静岡県出身。関西大学経済学部卒。在学中、19か月に渡るヨーロッパ貧乏旅行を経験。それをもとにキブツ（イスラエル）でのボランティア活動の体験記『キブツの風来坊』を出版。

Red Mail——日本に徴兵制が復活する日

2020年2月25日　初版第1刷発行

著者 ——角南正義
発行者 —平田　勝
発行 ——花伝社
発売 ——共栄書房
〒101-0065　東京都千代田区西神田2-5-11出版輸送ビル2F
電話　03-3263-3813
FAX　03-3239-8272
E-mail　info@kadensha.net
URL　http://www.kadensha.net
振替 ——00140-6-59661
装幀 ——黒瀬章夫（ナカグログラフ）
印刷・製本— 中央精版印刷株式会社

ISBN978-4-7634-0917-1 C0036